SCRATCH
编程权威实战指南

奥松学盟　著

电子工业出版社
Publishing House of Electronics Industry
北京·BEIJING

内容简介

Scratch 是由麻省理工学院（MIT）媒体实验室所开发的一款面向青少年的图形化简易编程软件。使用者只需将色彩丰富的指令方块组合，便可创作出多媒体程序、互动游戏、动画故事等作品。本书由具有丰富机器人竞赛实战编程经验的李佳宸老师主导编写，全书共分四部分，分别对 Scratch 的基本操作及其扩展应用进行了详细阐述，第一部分是 Scratch 概述；第二部分介绍 Scratch 语言，涉及操作界面、基本程序设计及硬件 PicoBoard 应用；第三部分是 Scratch 实际案例解析，强化 Scratch 的实用技法；第四部分主要介绍了 Scratch 与硬件结合开发使用的方法和教程，并进行了具体的案例讲解。

本书适合对 Scratch 图形化编程、开源硬件 Arduino、机器人制作感兴趣的青少年及从事 STEAM 机器人创客教育的工作者阅读，也适合作为学校及培训机构进行编程教育的辅助指导教材。

未经许可，不得以任何方式复制或抄袭本书之部分或全部内容。
版权所有，侵权必究。

图书在版编目（CIP）数据

Scratch 编程权威实战指南 / 奥松学盟著. —北京：电子工业出版社，2018.4
ISBN 978-7-121-33508-2

Ⅰ.①S… Ⅱ.①奥… Ⅲ.①程序设计 Ⅳ.①TP311.1

中国版本图书馆 CIP 数据核字（2018）第 010953 号

责任编辑：牛　勇
特约编辑：赵树刚
印　　刷：中国电影出版社印刷厂
装　　订：中国电影出版社印刷厂
出版发行：电子工业出版社
　　　　　北京市海淀区万寿路 173 信箱　邮编：100036
开　　本：720×1000　1/16　印张：17.75　字数：340.8 千字
版　　次：2018 年 4 月第 1 版
印　　次：2018 年 4 月第 1 次印刷
定　　价：79.00 元

凡所购买电子工业出版社图书有缺损问题，请向购买书店调换。若书店售缺，请与本社发行部联系，联系及邮购电话：（010）88254888，88258888。

质量投诉请发邮件至 zlts@phei.com.cn，盗版侵权举报请发邮件至 dbqq@phei.com.cn。
本书咨询联系方式：010-51260888-819，faq@phei.com.cn。

前　言

为什么要写本书

在以计算机为主要学习、工作、生活工具的信息时代，掌握计算机应用技术成为必备技能，因此，计算机素质教育在学校逐渐占据重要地位。同时，教育者认识到学习编程不仅能够锻炼逻辑，使学生的思维更加严谨，还能够不断体验创新的乐趣。所以越来越多的学校将计算机课程作为必修课程，以培养学生的逻辑思维。

近年来，全世界掀起一阵创客风潮。英国教育部甚至从 2014 年就发起"儿童学习程序设计"的教育计划，规定儿童从 5 岁开始就要学习程序设计雏形概念。在中国，自 2015 年年初李克强总理考察深圳柴火创客空间以来，便不遗余力地推动"大众创业、万众创新"，将中国创客推向新高度。

本书中介绍的 Scratch 及外部感应板的应用，正好迎合了创客的"动手做"思想。Scratch 软件是美国麻省理工（MIT）媒体实验室研发的一款软件，是非常适合儿童或初学者学习程序设计概念的软件，而 PicoBoard 传感器感应板架构在开源硬件的理念上，与其组合易学易用，更能践行创客精神。

美国有数百万的学生在学习 Scratch 软件课程。中国台湾地区的中小学也广泛以 Scratch 软件为主展开信息技术教学，并定期开展相关竞赛。中国大陆也正在掀起一股 Scratch 软件教学热潮。

Scratch 软件包含了常见的编程概念，如顺序、循环、条件语句、变量和链表（数组）等，还包含了动作、声音、外观等模块。如果想让角色移动、旋转，可用动作模块中的积木；如果想设置角色的造型、给造型添加特效，可用外观模块中的积木；如果想设置各种声音特效，可用声音模块中的积木，所以利用 Scratch 软件可以很方便地制作多媒体程序。

Scratch 软件还引入了事件、线程、广播和同步的概念。事件概念是图形化编程的核心，Scratch 软件中包含多种事件，如是否按下鼠标、是否碰到某个角色或某种颜色等。多线程可以让计算机同时执行相互独立的程序片段。程序中的不同角色之间通过发送广播和接收广播实现同步。有了这些逻辑模块，我们可以构建出人机交互界面良好的程序。

本书将全面解读 Scratch 软件及其与 PicoBoard 硬件结合的应用，并增加了在 S4A 软件以及 Raspberry Pi、Arduino 上的软硬件交互实践内容。全书采用"理论入，实践出"的写作风格，从内容编排上由浅入深、循序渐进、力求通俗易懂。

读者对象

本书适合任何渴望探索计算机科学的学习者，可作为小学生或中学生的教科书，也可作为自学教材。同时也推荐老师和家长阅读本书，与孩子相互交流，共同学习。对于刚接触程序的初学者来说，本书也是很好的训练编程思想的工具书。

致谢

首先要感谢奥松机器人为本书提供相关硬件设备支持，感谢导师于欣龙的信任与支持。其次感谢朱新龙和张洁对本书部分章节内容的修改和指导，特别感谢刘相兵和李星漪对本书进度的关心和提出的宝贵意见，让本书得以顺利完成。最后要感谢家人对我的大力支持，也感谢刘倩俐、王栅淇、李超、冯清松、雏小蕾提供的帮助。

勘误和支持

由于编写时间仓促，书中难免会出现疏漏之处，恳请读者批评指正。如果读者在阅读过程中发现任何问题希望找到作者共同探讨，那么可以加入"爱上 Scratch"主题 QQ 群：157658050。在这个群里，你会获得更多关于 Scratch 编程方面问题的解答。此外，本书的代码及相关资源请在网址"www.makerspace.cn"页面中 Scratch 板块指定页面下载。

目 录

第一部分

第1章　认识Scratch / 2
1.1　Scratch 2.0 网络版 / 3
1.2　Scratch 2.0 离线版 / 10
1.3　Raspberry Pi上的Scratch / 15

第2章　Scratch硬件扩展——PicoBoard传感器板 / 29
2.1　PicoBoard传感器板简介 / 30
2.2　在PC上使用PicoBoard传感器板 / 32
2.3　在Raspberry Pi上使用PicoBoard传感器板 / 36

第二部分

第3章　认识操作界面 / 43
3.1　工具栏 / 44
3.2　舞台区 / 45
3.3　角色区 / 46
3.4　脚本区 / 47
3.5　你的第一个Scratch项目 / 49

第4章　基本的程序设计 / 62
4.1　程序积木 / 62
4.2　程序结构 / 64
4.3　变量 / 72
4.4　运算符 / 76
4.5　自定义功能块 / 83
4.6　链表 / 86
4.7　克隆 / 93

第5章　让你的角色"活"起来 / 96
5.1　角色移动 / 96
5.2　场景移动 / 103
5.3　计时器 / 104
5.4　抛体运动 / 107
5.5　留下笔迹 / 112
5.6　添加声音 / 113
5.7　过场动画 / 117

第6章　PicoBoard传感器板的基础应用 / 120
6.1　滑条电位计 / 120
6.2　光线传感器 / 121
6.3　声音传感器 / 124
6.4　模拟输入接口 / 125
6.5　按钮 / 128

第三部分

第7章 Scratch游戏 / 132
- 7.1 打地鼠 / 132
- 7.2 八音音砖 / 138
- 7.3 狙击忍者 / 141
- 7.4 彩票号码生成器 / 144
- 7.5 绝地飞行 / 147

第8章 应用PicoBoard板的游戏 / 158
- 8.1 打砖块 / 158
- 8.2 小太阳 / 163
- 8.3 火箭升空 / 165
- 8.4 电阻赛跑 / 169
- 8.5 植物大战僵尸改版 / 172

第四部分

第9章 认识Arduino / 185
- 9.1 认识Arduino控制板 / 185
- 9.2 Arduino软件及驱动程序 / 186
- 9.3 连接Arduino板与PC / 190

第10章 认识S4A / 191
- 10.1 S4A离线版 / 191
- 10.2 连接Arduino与S4A / 196
- 10.3 S4A基础应用 / 201

第11章 S4A项目制作 / 203
- 11.1 大白健康助理 / 203
- 11.2 儿童防近视监控器 / 208
- 11.3 蓝牙遥控小车 / 214

第12章 认识奥松编程吧 / 230
- 12.1 奥松编程吧编程环境搭建 / 230
- 12.2 串口控制LED灯 / 234
- 12.3 智能骰子 / 241
- 12.4 火焰红外接收管应用 / 249

第13章 玩转ZinnoBot智能编程机器人 / 255
- 13.1 认识ZinnoBot / 255
- 13.2 ZinnoBot智能编程机器人搭建 / 256
- 13.3 ZinnoBot智能寻线机器人 / 264
- 13.4 ZinnoBot自主避障机器人 / 271

第一部分

走进Scratch的世界

提到程序设计时，大家一定会想到电脑屏幕上那一行行小蝌蚪似的代码，复杂的编程语言让很多想学习程序设计的人望而却步。为了帮助初学者们，特别是青少年越过学习复杂编程语言的阶段，直接凭借自己的创造力和逻辑推理能力设计自己的程序，一款简单易懂的可视化图形编程软件 Scratch 应运而生了。下面小奥将带领大家走进 Scratch 这个神秘而有趣的世界。

第 1 章

认识 Scratch

　　Scratch 是美国麻省理工学院（MIT）媒体实验室终生幼儿园小组开发的一个免费项目，并在 2007 年第一次公开发行。它专门为 8～16 岁的儿童及青少年设计，通过学习 Scratch，让大家对程序设计有一些基本的概念，培养创新思维及逻辑推理能力，并学会与他人合作及分享。在世界各地的家庭、学校、单位、社区活动中心，有各个年龄段的人在制作自己的 Scratch 项目。

　　Scratch 是一款图形化的程序设计开发平台，将程序模块以类似于积木方块的模式呈现给使用者。使用者不必掌握复杂的程序设计语言，只需要通过直觉判断程序的逻辑架构，像搭积木一样将它们堆叠起来构建自己的项目，十分容易上手，所以特别适合儿童、青少年及程序语言的初学者。

> 你可以使用 Scratch 添加自己的图片、声音，创造自己的故事、游戏、动画及音乐作品。如果你想增加人机互动和作品的趣味性，那就去学习使用 PicoBoard 传感器板吧。

第 1 章　认识 Scratch

　　Scratch 作为一个开源可视图形化编程开发平台，最重要的作用是互相分享。开发团队为了让用户更好地学习和分享彼此的作品与心得，特意创建了 Scratch 官方网站 http://scratch.mit.edu/。自 2007 年至 2016 年 4 月，这个网站已有 1000 万名注册会员超过 1400 万的上传项目，这里已经成为 Scratch 爱好者们的乐园。2013 年 5 月 9 日，官方网站的软件更新为 Scratch 2.0 版，并且用户可以在网页上编辑项目。

1.1　Scratch 2.0 网络版

　　在浏览器中输入官方网站的网址，即可进入 Scratch 官网。

图1-1　Scratch官方网站

打开网页后发现所有文字全是英文，看不懂怎么办？不要担心，滑动浏览器右侧的滑条至网页最底部，就会发现语言栏。

单击下拉箭头选择"简体中文"选项，网站就会变成中文版本的。

为了让大家更好地浏览网站、保存和分享作品，小奥将带领大家一同申请免费的 Scratch 账号，操作方法很简单。首先单击网页右上角的"加入 Scratch 社区"按钮。

图1-2 申请加入Scratch社区

之后会弹出填写申请信息的对话框,按步骤填写即可。第一步:填写用户名并设置密码。

图1-3 填写用户名与设置密码

第二步:填写出生年月、性别、国籍。小奥的出生年月保密哦!

图1-4 填写出生年月、性别、国籍

第三步：填写并确认电子邮件。

图1-5　填写并确认电子邮件

第四步：申请完成。去邮箱查看邮件并进行认证吧！

图1-6　完成申请

拥有自己的账号后，单击网页右上角的"登录"按钮，输入账号和密码后进入自己的主页，页面右上角会显示你的账号。现在大家就可以制作、保存、上传自己的作品，或者评论、下载其他用户的作品了。

图1-7　Scratch个人主页

如果你想创建自己的项目,在顶部的蓝色导航栏内选择"创建"选项,单击便可进入在线程序编辑界面。

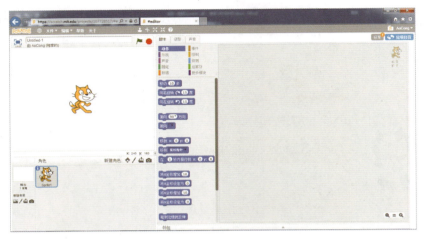

图1-8 "创建"界面

在 Windows 操作系统中,Scratch 2.0 网络版需要在 Windows 7 及其以上版本中才能运行,还需要安装 Adobe Flash Player 10.2 或以上的版本。

项目完成后,需要在设计界面左上角的"文件"下拉菜单中选择"立即保存"将项目保存在云端;如果想要将网页上制作的项目保存至本地,可以选择"文件"下拉菜单中的"下载到您的计算机"选项,这样就可以在不联网的情况下使用 Scratch 2.0 离线版软件修改项目;选择"文件"下拉菜单中的"从您的计算机中上传"选项,可以将作品上传并覆盖当前项目。

图1-9 "文件"下拉菜单

第 1 章　认识 Scratch

> 如果想看社区中的项目，单击"发现"进入浏览项目界面。如图 1-10。界面左侧为项目的类别标签（是用户在上传项目时对其定义的类别），包括"推荐的项目"如"动画"、"艺术"等。当然，用户还可以自定义搜索标签。在界面右侧可以直接搜索项目名称，也可以搜索工作室名称，搜索时可以依据最多浏览、最受欢迎、最多再创作及时间段进行排序。

图1-10　"发现"界面

遇到自己感兴趣的作品，单击便可进入该作品的介绍界面，然后查看其程序与角色，也可以下载或修改项目。例如，我们对推荐栏中的《Interactive Pet Tutorial》项目（网址为 https://scratch.mit.edu/projects/101664868/?fromexplore=true）感兴趣，单击缩略图即可进入介绍界面。

图1-11　《Interactive Pet Tutorial》项目介绍界面

7

单击 🏁 图标启动游戏；单击右上方的 转到设计页 按钮查看该项目的程序；如果想在这个项目的基础上进行修改，并将其复制到自己的账号中，可以单击 再创作 按钮。

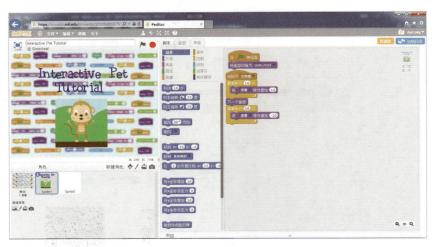

图1-12 《Interactive Pet Tutorial》项目程序界面

单击"讨论"按钮可进入 Scratch 讨论区，如图 1-13。这里有关于 Scratch 的各种探讨，包括对作品的提问和对 Scratch 的建议等。

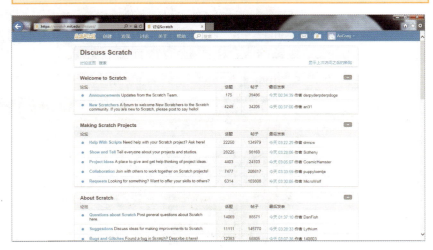

图1-13 "讨论"界面

如果看不懂英文也没有关系，我们可以在页面下方选择进入中文讨论区。

第 1 章　认识 Scratch

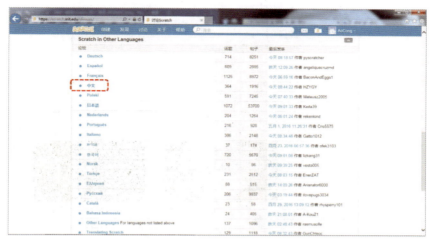

图1-14　选择讨论语言为中文

之后就可以畅所欲言啦！

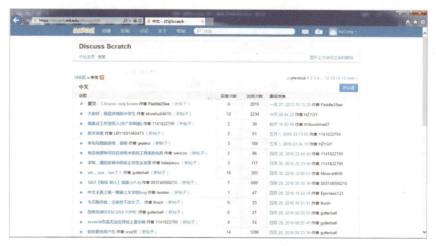

图1-15　中文论坛

如果想详细地了解关于 Scratch 的信息，可以单击"关于"按钮，知道谁在使用 Scratch、Scratch 在世界各地的发展情况、Scratch 在学校的应用、Scratch 的相关研究，以及如何进一步学习 Scratch 等信息。

图1-16 "关于"界面

如果需要一些教学文档及视频，可以单击"帮助"按钮，这里为新手们准备了充足的Scratch相关资料，用户可以逐步学习如何完成一个项目，然后尝试入门级的小项目。

图1-17 "帮助"界面

1.2 Scratch 2.0 离线版

Scratch 提供可以下载安装的离线版，保证不连接网络时也可以使用。目前，离线版有 1.4 和 2.0 两个版本，在界面美化及功能完善方面，2.0 版比 1.4 版都有很多改进。因此，本书主要基于 Scratch 2.0 版本进行讲解。

第 1 章　认识 Scratch

> 下面讲解安装 Scratch 2.0 离线版的方法，默认为 Windows 7 的操作系统。

（1）在浏览器中输入网址 https://scratch.mit.edu/scratch2download/，进入 Scratch 2.0 下载页面；也可以单击"帮助"界面右侧栏"资源"中的"Scratch 2 Offline Editor"进入下载页面。

图1-18　Scratch 2.0下载页面

图 1-19　Scratch 2 Offline Editor

（2）安装 Adobe AIR。如果你的计算机中已经安装 Adobe AIR，可跳过步骤（2）至（5）。单击 Adobe AIR 的下载链接。

图1-20　Adobe AIR下载链接

（3）进入 Adobe AIR 官网，单击右下角"立即下载"按钮。

图1-21　Adobe AIR官网

（4）下载成功后运行"Adobe AIR Installer.exe"文件，单击"我同意"按钮进行安装。

图1-22　安装Adobe AIR

第 1 章　认识 Scratch

（5）Adobe AIR 安装完成。

图1-23　Adobe AIR安装完成

（6）返回 Scratch 2.0 下载界面，单击 Windows 系统的 Scratch 2.0 离线版的下载链接。

图1-24　Scratch 2.0离线版的下载链接

（7）下载成功后运行"Scratch-446.exe"文件（"446"是 Scratch 2.0 的小版本号，读者下载时的文件版本号可能与此不同），选择安装位置，默认安装路径为 C:\Program Files (x86)，单击"继续"按钮进行安装。

图1-25　选择安装位置

13

（8）安装成功后，会直接运行 Scratch 2.0 离线版。

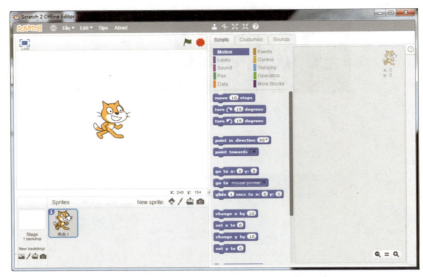

图1-26　运行Scratch 2.0离线版

（9）界面默认语言为英文。单击左上角的 按钮，在下拉的语言菜单中选择"简体中文"选项，即可将界面文字设置为中文。

图1-27　选择简体中文

（10）至此，Scratch 2.0 离线版安装完毕。

第 1 章 认识 Scratch

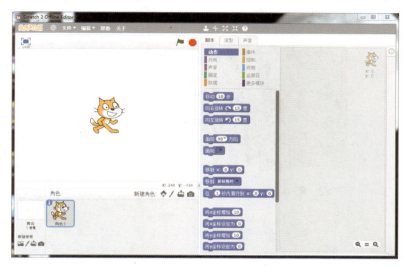

图1-28　Scratch 2.0简体中文界面

1.3　Raspberry Pi上的Scratch

　　Raspberry Pi（中文名为"树莓派"，简写为RPi）体积小巧、操作简单。Raspberry Pi 官方推荐的 Raspbian 发行版系统配备了 Scratch 1.4 编程环境，可让用户直接在 Pi 上运行 Scratch。软件和硬件结合可以实现更多不同的玩法，创作更多优秀的作品。

1.3.1　认识Raspberry Pi

　　Raspberry Pi 是基于 Linux 系统、只有信用卡大小的卡片式电脑。第三代树莓派已经面市，Raspberry Pi 3 Model B 配备了 ARM CORTEX-A53 CPU，主频 1.2GHz，以 SD 卡为硬盘，卡片主板周围有四个 USB 接口和一个标准的 RJ45 以太网口，可连接键盘、鼠标和网线。它还拥有一个 3.5 毫米音频插孔、复合视频联合接口及一个 HDMI 高清视频输出接口，具备 PC 的基本功能。只需连接显示器和键盘，它就能执行电子表格、文字处理、游戏、高清视频播放等诸多任务。树莓派选择用 Micro USB 接口作为供电接口。此外，还有一些输入 / 输出（I/O）接口，如 GPIO（通用输入 / 输出）接口、DSI 接口（连接液晶屏或 OLED 显示屏）、CSI 接口（可将摄像头直

15

接与主板连接)、P2 和 P3 等接口。

图1-29　Raspberry Pi 3电路板

小贴士

> 由于树莓派的操作系统是 Raspbian 这个 Linux 发行版,在使用时不免会涉及 Linux 系统的相关操作。虽然各指令都有简单的注释,但是初学者操作起来仍有难度。因此,这里仅将其作为工具使用,大家直接输入指令运行即可,感兴趣的读者可自行查阅相关资料,进行深入学习。

本书使用的树莓派套件由奥松机器人提供。

图1-30　Raspberry Pi 3套件实物图

套件中有必备基础配件,清单如下:

Raspberry Pi 3 控制器 × 1

树莓派 16G 高速 SD 卡 × 1

树莓派专用散热片套装 × 1

5V/2A 电源适配器 × 1

无线 Mini 键盘 × 1

第1章 认识 Scratch

树莓派专用网线（1m）× 1
HDMI 连接线 × 1
亚克力外壳 × 1

1.3.2 搭建Scratch 2.0网络版运行环境

Raspberry Pi 的 Raspbian 系统自带 Scratch 1.4 离线版。当然，在 Pi 上也可以运行 Scratch 2.0 网络版。

> 下面我们主要介绍如何实现在 Pi 上搭建 Scratch 2.0 网络版的运行环境。

（1）上电启动 Pi（确认 Pi 已经连接到网络），单击桌面上方的 ■ 图标，或者使用快捷键"Ctrl+Alt+T"打开 Terminal（终端）。

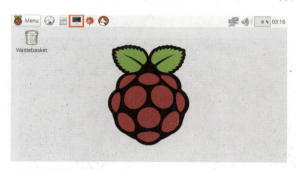

图1-31　打开Terminal

小贴士

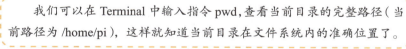

> 我们可以在 Terminal 中输入指令 pwd，查看当前目录的完整路径（当前路径为 /home/pi），这样就知道当前目录在文件系统内的准确位置了。

图1-32　查看当前目录

（2）安装 Chromium 浏览器。在 Terminal 中输入指令 sudo apt-get install chromium，等待下载及安装。

17

图1-33　安装Chromium浏览器

当再次出现 pi@raspberrypi 时表示安装完成。

图1-34　安装完成

打开桌面上方的"Menu"菜单，选择"Internet → Chromium Web Browser"选项。

图1-35　在菜单中找到浏览器

（3）下载 Chromium 的 Flash 插件。在 Terminal 中输入指令 wget http://os.archlinuxarm.org/armv7h/alarm/chromium-pepper-flash-12.0.0.77-1-armv7h.pkg.tar.xz，等待下载及安装。输入指令 ls 查看当前目录下的文件，可以看到刚下载的"chromium-pepper-flash-12.0.0.77-1-armv7h.pkg.tar.xz"文件。

图1-36　下载Flash插件

（4）将下载的文件解压。输入指令 tar -xvjf chromium-pepper-flash-12.0.0.77-1-armv7h.pkg.tar.xz 解压该文件，当再次出现 pi@raspberrypi 时表示解压成功。输入指令 ls 查看当前目录下的文件，可以看到新增的"usr"文件夹。

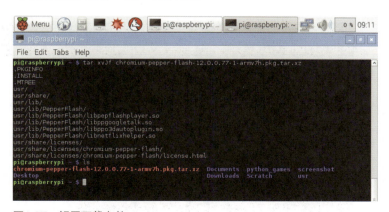

图1-37　解压下载文件

（5）输入指令 cd usr/lib/PepperFlash 进入 PepperFlash 目录，再输入指令 chmod +x * 将该目录下的全部 .so 文件变为可执行文件。

图1-38　将文件变为可执行文件

（6）输入指令 sudo cp * /usr/lib/chromium/plugins 将全部可执行文件复制到 chromium/plugins 文件夹下，输入指令 cd /usr/lib/chromium/plugins/ 进入 chromium/plugins 目录下，输入指令 ls 便能看到所有可执行文件。

图1-39　复制可执行文件至chromium/plugins目录下

（7）更改 default 文档。输入指令 sudo nano /etc/chromium/default，打开 default 文档。

图1-40　打开default文档

图1-41　default文档的内容

第 1 章　认识 Scratch

将 default 文档的最后一行代码改为 CHROMIUM_FLAGS="--ppapi-flash-path=/usr/lib/chromium/plugins/libpepflashplayer.so --ppapi-flash-version=12.0.0.77 -password-store=detect -user-data-dir"。

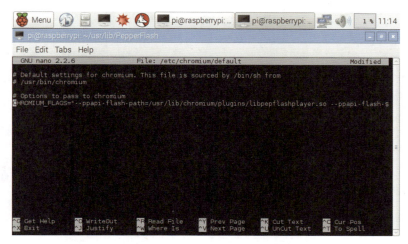

图1-42　更改后的default文档

使用快捷键"Ctrl+O"保存文档，按回车键确定，再使用快捷键"Ctrl+S"退出编辑。

（8）打开 Chrom Web Browser，输入网址 chrom://plugins，进入 Chromium 插件显示界面，确认插件是否安装成功，如果界面如下图所示，则表示安装成功。

图1-43　Chromium浏览器插件显示界面

21

（9）更改设置中的默认搜索引擎（中国大陆暂不能访问 Google 搜索引擎）。单击浏览器右上角的 ≡ 按钮，在弹出的下拉菜单中选择"Settings"选项，进入设置界面。

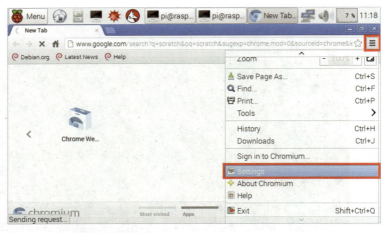

图1-44　进入浏览器的设置界面

在设置界面的"Search"选项区域更改默认搜索引擎，本书将其更改为"Bing"。

图1-45　更改默认搜索引擎

（10）在地址栏直接搜索关键字"scratch"，通过官网进入 Scratch 2.0 网络版，或直接输入网址 https://scratch.mit.edu/projects/editor/?tip_bar=getStarted 进入。

第 1 章　认识 Scratch

图1-46　进入Scratch 2.0网络版

1.3.3　Scratch 控制GPIO

Raspberry Pi 的主板提供了一组 GPIO 接口，我们可以直接使用这些接口制作电子装置。通俗地说，GPIO 引脚就是可以输出 / 输入高 / 低电平的引脚（PIN）。GPIO 引脚能够作为输出接口控制一些硬件设备，如发光二极管（LED）、电机或继电器；GPIO 引脚也能够作为输入接口读取按钮、温度和光线等传感器的状态。

2015 年 9 月发布的新版 Raspberry Jessie 系统为 Scratch 内置了全新的 GPIO 服务，包括对 LED、蜂鸣器等外设的驱动，为用户提供便利。首先登录 Raspberry 官方网站 https://www.raspberrypi.org/downloads/raspbian，再单击"Download ZIP"按钮下载 Jessie 版本系统，将 Pi 系统更新为 Jessie 版本。

图1-47　Jessie系统下载页面

我们可以在 Pi 的终端上编程控制 GPIO 接口，也可以通过 Scratch 去控制它们，当然这需要提前搭建好调试环境。下面我们进行调试环境的搭建。

（1）下载拥有运行权限的"install_scratchgpio5.sh"文件。启动 Pi（确认已经连接到网络）打开终端，在 Terminal 中输入指令 sudo wget http://goo.gl/Pthh62 -O isgh5.sh，或者 sudo wget http://goo.gl/ikUpyJ - O isgh5.sh。

小贴士

如果你的 Pi 无法科学上网，即无法登录某些国外网站，则会出现无法连接到相关网页的问题。我们可以选择关闭 Pi，并将 SD 卡插入另一台计算机，输入网址 http://www.makerspace.cn/thread-5943-1-1.html，下载附件"install_scratchgpio5.sh"，并复制到 SD 卡中的 pi/home/Downloads 文件夹下，将 SD 卡插回 Pi。

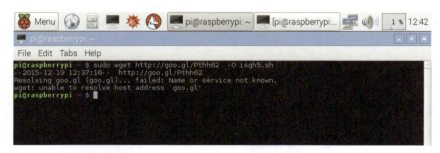

图1-48　无法连接到网页

（2）在终端输入指令 cd Downloads 进入该文件夹，再输入指令 sudo bash install_scratchgpio5.sh 运行下载的文件。

图1-49　运行安装文件

第 1 章　认识 Scratch

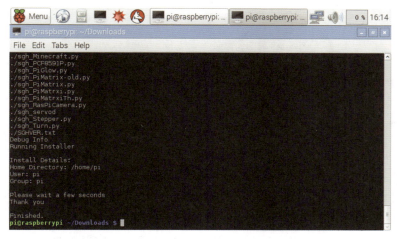

图1-50　安装完成

（3）安装完成后会在桌面创建两个图标，其中"ScratchGPIO 5"供初学者学习简单电路，"ScratchGPIO 5plus"用于特定的插件板。

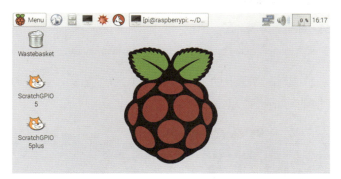

图1-51　桌面上显示出新图标

ScratchGPIO 5 已经提供了 Scratch 与 Pi 的 GPIO 连接的相关内部运行指令，我们直接在 ScratchGPIO 5 中进行编程即可。

安装好 ScratchGPIO 5 之后，如何测试其能否使用呢？这里利用蜂鸣器模块对 GPIO 进行测试，通过 Scratch 软件设计控制蜂鸣器鸣响程序，从而检测 Scratch 的 GPIO 是否可以使用。

图1-52　蜂鸣器模块

（1）查看Pi的GPIO引脚分布图，找到3.3V、Ground、GPIO 17接口，分别与蜂鸣器模块的＋、一、S接口相连。

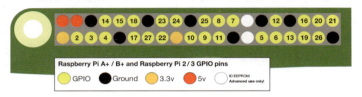

图1-53　GPIO引脚分布图

（图片来源：https://www.raspberrypi.org/documentation/usage/gpio-plus-and-raspi2/）

（2）双击桌面上的"ScratchGPIO 5"图标，打开时弹出传感器已连接的对话框，单击"OK"按钮。

图1-54　打开ScratchGPIO 5软件

（3）单击工具栏中的"Edit"菜单，在下拉菜单中选择"Start GPIO server"选项开启 GPIO 服务。

图1-55　开启GPIO服务

（4）单击工具栏中的"File"菜单，在下拉菜单中选择"Save"选项保存项目，将项目命名为"GPIO_buzzer"。

图1-56　保存项目

（5）编辑测试程序，运用无限循环积木（forever），不断执行将GPIO 的引脚 17 置为低电平（蜂鸣器鸣响）1 秒，再置为高电平（蜂鸣器停止鸣响）2 秒的指令。

Scratch 编程权威实战指南

图1-57 编辑测试程序

（6）运行测试程序。单击 ▶ 按钮，可以在舞台区中的 GPIO 监视器中查看到该引脚的电平高低（0 为低、1 为高）。如果蜂鸣器不断地重复鸣响 1 秒，再停止鸣响 2 秒，则说明 Scratch 成功控制了 GPIO。

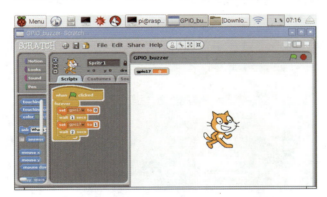

图1-58 蜂鸣器鸣响

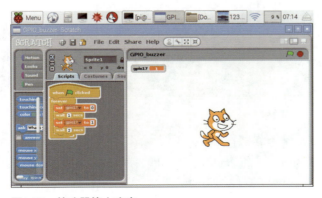

图1-59 蜂鸣器停止鸣响

第2章

Scratch 硬件扩展——PicoBoard 传感器板

Scratch 传感器板（Scratch Sensor Board）是 Scratch 官方支持的外部传感器，旨在提供与外界互动的硬件系统。目前，Scratch 传感器板大体分为四类：MaKey MaKey、LEGO WeDo Kit、PicoBoard 及 Kinect 2 Scratch。本书主要应用 PicoBoard 传感器板作为 Scratch 软件的外接设备。

图2-1　MaKey MaKey传感器板

图2-2　LEGO WeDo Kit套件

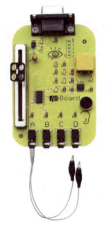 

图2-3　PicoBoard传感器板　　　图2-4　Kinect 2 Scratch体感项目

2.1　PicoBoard传感器板简介

PicoBoard 传感器板是 Scratch 官方支持并开发的外接硬件设备之一。它板载了五种传感器，通过这些传感器，你就可以轻松地创建基于传感器的互动项目，使 Scratch 项目更加多样化，更富有创造性。对于初学者来说，学习 PicoBoard 传感器板是学习编程和传感器的基础。本节我们仅作简单的了解，具体应用将在第 6 章进行详细介绍。

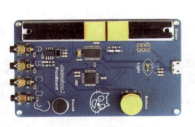 

图2-5　PicoBoard传感器板正面　　　图2-6　PicoBoard传感器板背面

最初，PicoBoard 传感器板是由美国 The Playful Invention Company 生产制造的，目前由 SparkFun Electronics 平台销售，下图所示为 SparkFun Electronics 官网发行的 PicoBoard 传感器板电路原理图。

第 2 章 Scratch 硬件扩展——PicoBoard 传感器板

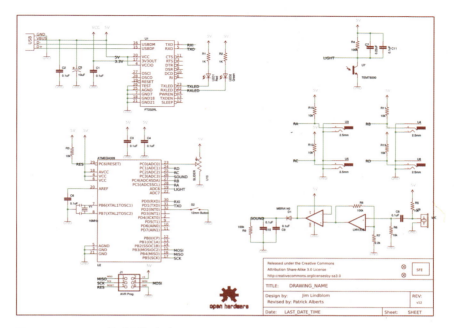

图2-7 PicoBoard传感器板电路图

PicoBoard 传感器板接口类型为 micro USB，板上集成五种传感器：滑条电位计、高精度光线传感器、声音传感器、按钮及 4 路模拟输入接口。这些传感器将侦测到的数据以数值形式传回 Scratch，程序可以通过传感器传回的相关数值进行互动设计。为方便使用，PicoBoard 传感器板的各个传感器旁都标注了相应的图示。

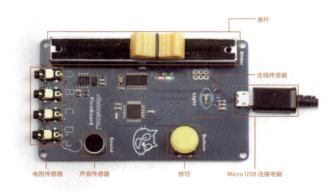

图2-8 PicoBoard的板载传感器

A为滑条电位计：用于侦测滑杆所处的位置，两边的数值分别是0和100。

B高精度光线传感器：用于侦测外界亮度的大小，数值随亮度的增大而增加。

C为声音传感器：用于侦测外界声音的大小，数值随声音的增大而增加。

D为模拟输入接口：用于侦测物体的导电性，导电性越好（如金属物品），电阻越小，则数值越小；导电性越差（如塑料物品），电阻越大，则数值越大。

E为按钮：仅返回布尔值。按下时显示True（是）；未按下时显示False（否）。

各种传感器返回的数值范围如表2-1所示。

表2-1　各种传感器返回的数值范围

传感器名称	数值范围
滑条电位计	0~100
光线传感器	0~100
声音传感器	0~100
模拟输入接口	0~100
按钮	True / False

小贴士

大家进行实验时不要在桌子上放饮料和水等液体，如果将它们打翻或者滴到运行中的PicoBoard传感器板中，可能会造成短路。此外，建议大家在PicoBoard传感器板下方垫一张白纸或一块塑料垫，以避免背后的焊点碰触到导电物质而造成短路烧毁电路板。

2.2　在PC上使用PicoBoard传感器板

当把PicoBoard传感器板与Scratch 2.0网络版连接时，需要安装Scratch 2.0网络版插件，这样才能在程序设计时使用相应的模块。

（1）将USB数据线连接至PicoBoard板的micro USB接口。

（2）将USB连接至计算机。

第 2 章　Scratch 硬件扩展——PicoBoard 传感器板

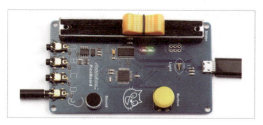 

图2-9　将USB线连接至PicoBoard板　　　图2-10　将USB线连接至计算机

（3）当 PicoBoard 板与计算机连接时，计算机会自动从网络下载并安装设备驱动程序，之后会出现成功安装的提示。

图2-11　安装设备驱动程序

小贴士

> 如果计算机未自动安装驱动，可输入网址 http://www.picocricket.com/picoboardsetupUSB.html，单击"Windows Driver"下载驱动程序，然后解压并运行驱动安装文件"CDM_2_06_00.exe"。

（4）打开浏览器进入 Scratch 2.0 官网 https://scratch.mit.edu/，单击"创建"按钮或者下方的小猫图标。

图2-12　Scratch官网

（5）进入 Scratch 2.0 网络版。

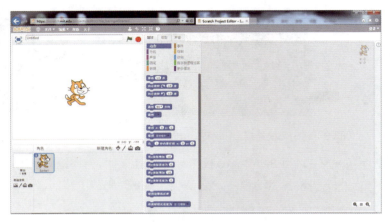

图2-13　Scratch 2.0网络版

（6）在脚本区选择"更多模块"→"添加扩展"选项。

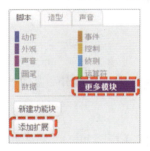

图2-14　在脚本区选择"更多模块"→"添加扩展"选项

（7）在弹出的窗口中选择"PicoBoard"选项，再单击右下角的"确定"按钮。

图2-15　选择"PicoBoard"选项

（8）如果浏览器未安装 PicoBoard 的 Plugin 驱动程序，则界面中的指示灯为黄色（也可能是红色），表示未连接成功。单击黄色指示灯，界面右侧会出现帮助栏，选择"LEGO WeDo 1.0 or Picoboard Setup"选项即可。

第 2 章 Scratch 硬件扩展——PicoBoard 传感器板

图2-16 若PicoBoard未连接成功,则单击黄色指示灯或红色指示灯

（9）选择下载其他浏览器的 Windows 版本的插件程序,文件名为"ScratchDevicePlugin.msi"。

小贴士

> 如果使用 Chrome 浏览器,需要下载 Chrome 浏览器的插件程序。

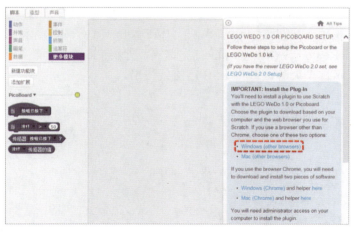

图2-17 下载插件程序

（10）下载成功后双击"Scratch Device Plugin.msi"文件,安装程序。

图2-18 安装Scratch Device Plugin

（11）程序安装成功后重新打开 Scratch 2.0 网络版，执行步骤（6）和（7），等待数秒之后，PicoBoard 指示灯变为绿色，连接成功。此时，PicoBoard 板的工作指示灯处于闪烁状态。

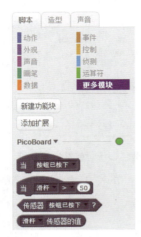
图2-19　PicoBoard连接成功

图2-20　PicoBoard板工作指示灯闪烁

（12）卸载 PicoBoard 时，最好不要将 USB 连接线直接从 PC 端拔掉。先单击"更多模块"中 PicoBoard 右侧的下拉三角，再选择"Remove extension blocks"选项，即将 PicoBoard 软卸载。待工作指示灯全灭时，再将 USB 连接线拔出。

图2-21　移除PicoBoard

2.3　在Raspberry Pi上使用PicoBoard传感器板

Raspberry Pi 自带 Scratch 1.4 离线版，可直接与 PicoBoard 板相连接。

第 2 章　Scratch 硬件扩展——PicoBoard 传感器板

图2-22　Raspberry Pi与PicoBoard板

（1）打开 Raspberry Pi 的 Scratch 1.4。

图2-23　打开Scratch 1.4

（2）单击 按钮，在弹出的下拉菜单中选择"more"→"more"→"简体中文"选项，将语言改为简体中文。

图2-24　更改语言为简体中文

Scratch 编程权威实战指南

图2-25　简体中文的软件界面

（3）将 PicoBoard 板与 Scratch 软件连接。在"侦测"模块最下方找到与传感器相关的积木，单击鼠标右键，选择"允许远程传感器连接"选项，界面中会出现"连接上传感器"提示框。

图2-26　将PicoBoard板与Scratch软件连接

第 2 章　Scratch 硬件扩展——PicoBoard 传感器板

图2-27　连接传感器

（4）在与传感器相关的指令上单击鼠标右键，选择"显示 ScratchBoard 监视器"选项，舞台中会出现监视器面板。

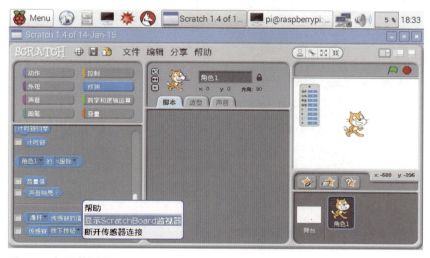

图2-28　打开监视器

（5）在监视器面板中单击鼠标右键，选择"选择序列号或 USB 接口"中的"/dev/ttyUSB0"选项。

图2-29　选择序列号或USB接口

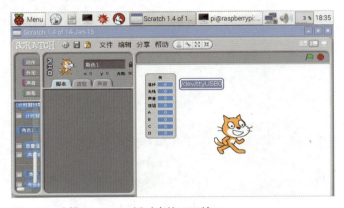

图2-30　选择PicoBoard板对应的USB接口

（6）监视器面板会实时显示传感器上传的数值。

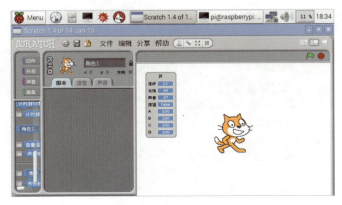

图2-31　实时显示传感器上传的数值

第一部分 笔记

第二部分

基础知识

小奥将带领大家认识 Scratch 操作界面，了解各个积木指令及其功能，尝试执行一些指令，然后把指令整合起来构成程序。此外，还要学习在 Scratch 中使用 PicoBoard 板上的传感器，并将其应用于项目制作中。

第3章 认识操作界面

Scratch 2.0 离线版的操作界面主要分为四部分：工具栏、舞台区、角色区及脚本区。

图3-1　Scratch 2.0客户端操作界面

所谓"磨刀不误砍柴工",先对操作界面的各个区域进行简单了解,再学习如何创建一个完整的Scratch项目,就可以更全面地掌握Scratch项目设计。

3.1 工具栏

单击工具栏中的地球图标,可以更换用户界面的语言。工具栏右侧为五种实用的快捷操作按钮:复制、删除、放大、缩小、帮助。

图3-2 工具栏

工具栏左侧为与项目相关的设置选项。

(1)在"文件"菜单中,可以新建、打开、保存项目,也可以将项目分享到网站,或者检查软件是否更新等。

(2)在"编辑"菜单中,"撤销删除"命令可以将删除的指令、脚本、角色、造型或声音等资源还原一步;"小舞台布局模式"会缩小舞台区和角色区,给脚本区留出更大空间,一般在进行较为复杂的程序设计时使用;"加速模式"可以减少舞台的帧率,使某些指令加速运行。

图3-3 "文件"菜单   图3-4 "编辑"菜单

(3)如果想学习Scratch的官方教程,可以单击"帮助"按钮。右侧会弹出帮助栏,包括逐步制作一个项目、为项目添加特效及各个指令的应用方式。

第 3 章　认识操作界面

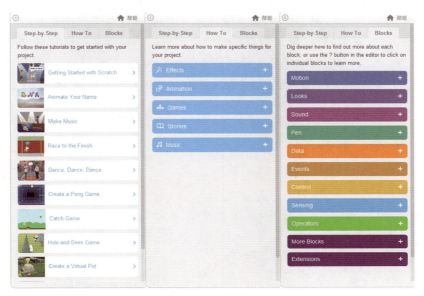

图3-5　帮助栏的三个标签页

（4）单击"关于"按钮可链接至 Scratch 官方网站的帮助页面。

3.2　舞台区

舞台区在界面的左上方，可以显示程序运行的结果。当我们想查看程序运行情况时，单击绿旗图标 ▶ 开始执行程序，单击红色按钮 ● 停止执行程序。

图3-6　舞台区

45

舞台大小为 480 像素 ×360 像素（严格地说是 481 像素 ×361 像素），每个像素都有一个坐标。当鼠标在此区域移动时，右下方会动态显示鼠标指针所在点的坐标位置。坐标原点（0，0）在舞台的正中央，X 轴的范围是（-240，+240），Y 轴的范围是（-180，+180）。

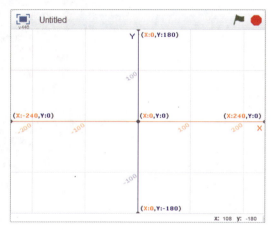

图3-7　舞台区坐标分布

3.3　角色区

角色区在界面的左下方，显示项目中舞台的背景及角色的名字和缩略图。每个 Scratch 项目只有一个舞台，但是我们可以根据需要为舞台设定不同的背景。每个项目可包含任意数量的角色，每个角色的名字显示在其缩略图下方。

图3-8　角色区

每个角色都有各自的脚本、造型和声音，我们可以单击鼠标左键选中角色区中的角色，或者在舞台区中双击角色来选中它，然后再对其进行编辑。

3.4 脚本区

脚本区的上方有三个标签，分别为：脚本、造型和声音，单击各个标签可以进行自由切换。

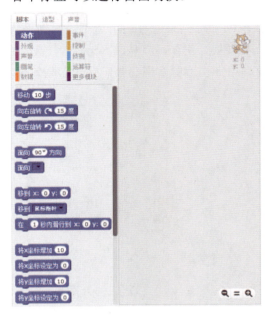

图3-9　脚本区

3.4.1 脚本面板

在脚本区的脚本面板中，可以使用积木对背景或角色进行程序设计，面板左侧有许多指令。

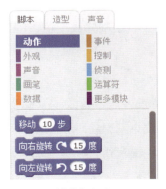

图3-10　模块与积木

在进行程序设计时，只要将积木拖曳至右侧的设计面板即可。

3.4.2 造型面板

在角色的造型设计面板里，可以改变角色的造型。每个角色都包含多个造型，但同一时刻只能有一个造型。根据编程的需要，可以在造型之间互相切换。例如，默认的 Scratch 小猫角色中有两个造型，只要切换这两个造型就能实现小猫走路的动画效果。

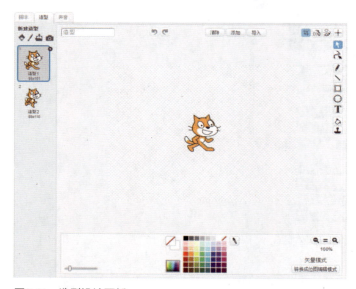

图3-11　造型设计面板

单击面板左侧造型的缩略图即可选中其当前造型。运用右侧工具栏中的工具便可对其进行修改。例如左右翻转、上下翻转等，或者用变形、铅笔、线段、矩形等工具绘制修改造型。

3.4.3 声音面板

在声音面板中，可以添加背景音乐、音效或录制麦克风的声音（麦克风的音量可以通过下方的"麦克风音量"滑块进行调节）。优秀的 Scratch 项目一定要有动听的音乐。快找找有哪些好玩的音效和背景音乐吧。

第 3 章　认识操作界面

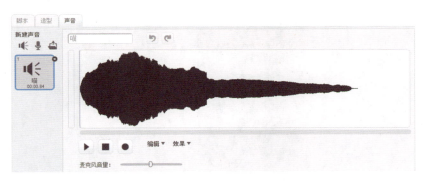

图3-12　声音设计面板

3.5　你的第一个Scratch项目

在本小节中，小奥会和大家共同创建一个 Scratch 项目，通过实践巩固前面所学的知识。

我们创建一个名为"太空漫步"的项目，其效果是 Scratch 小猫和它的小伙伴在月球上向前移动，一起漫步。

图3-13　"太空漫步"项目界面

3.5.1　新建项目

打开 Scratch 2.0 离线版，在"文件"菜单中选择"新建项目"选项。

Scratch 编程权威实战指南

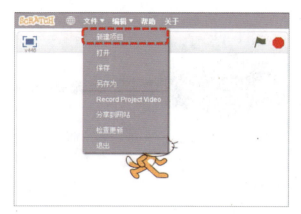

图3-14 新建一个项目

 在新建的项目中,舞台左上角为项目名称,系统默认名称为"Untitled";默认舞台背景为空白;默认角色为一只 Scratch 小猫。

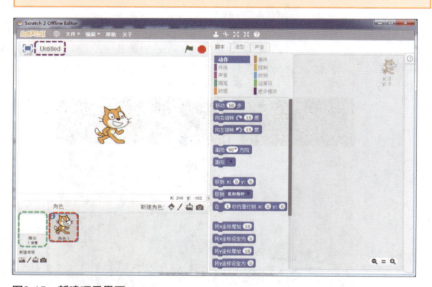

图3-15 新建项目界面

3.5.2 新建背景

如何让角色置身于月球中呢?我们要设置太空场景。单击角色区中的"舞台",再单击脚本区中背景设计面板的 ![] 按钮,从背景库中选择背景。

第 3 章　认识操作界面

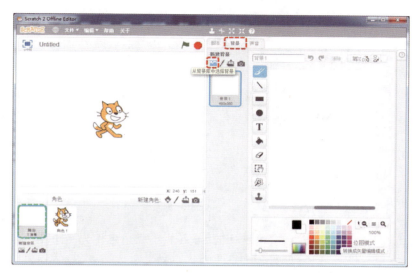

图3-16　新建背景

在"太空"背景库中选择"moon"作为主题背景，单击"确定"按钮。

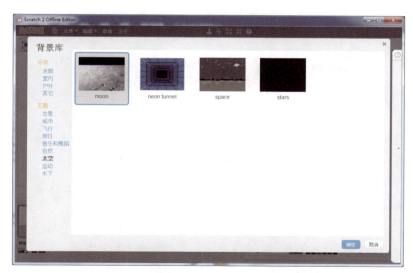

图3-17　选择"moon"作为背景

此时舞台中还是默认的白色背景，如何将无用的背景删除呢？首先选中"背景1"，然后单击鼠标右键，在弹出的菜单中选择"删除"选项，或者直接单击"背景1"右上角的"删除"按钮。

图3-18　删除背景

3.5.3　新建角色

我们直接将默认的 Scratch 小猫角色作为一个角色，为了方便使用，现将它的名字修改为"小猫"。

如何修改角色名称呢？选中"角色1"，单击其缩略图左上角的"ⓘ"进入角色信息界面，在输入框中输入新名称"小猫"。在这里还可以查看角色的位置坐标、方向，设置角色旋转模式，查看是否显示等相关信息。单击小猫左上角的◀按钮即可返回。

图3-19　角色信息界面

如果想复制或删除角色，用鼠标右键单击该角色，在弹出的角色菜单中选择相应的操作即可。

图3-20　角色菜单栏

第 3 章　认识操作界面

下面我们新建第二个角色"小狗"。角色区的右上角提供了四种新建角色的方式，单击 按钮从角色库中选取角色。

图3-21　新建角色

在"动物"分类中选择"Dog1"作为第二个角色，单击"确定"按钮，再将角色名称改为"小狗"。

图3-22　选择"Dog1"角色

思考　如果想创建的角色的图片是计算机中的图片该怎么操作呢？

为了不让小狗与小猫重叠，可以用鼠标将舞台中的小狗拖曳至另一处。

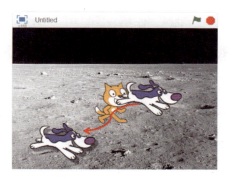

图3-23　移动角色

3.5.4 添加声音

为了让项目更有趣，我们给它添加一个背景音乐吧！选中角色区中的背景，在脚本区的声音面板中单击 按钮，从声音库中选取声音。

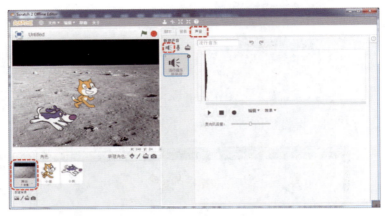

图3-24 从声音库中选取声音

在"循环音乐"中选择"techno"作为背景音乐，并将原来的默认声音删除。

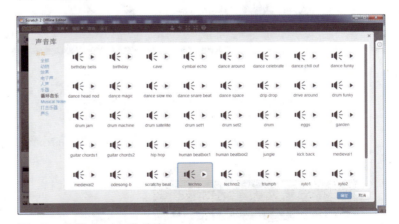

图3-25 选择"techno"声音

如何处理当前声音的效果呢？非常简单，先选中声音的某一部分，再单击"效果"下三角按钮，选择"淡入""淡出""响一点""轻一点""无声"及"反转"等效果。

第 3 章　认识操作界面

图3-26　处理声音效果

3.5.5　设计程序

首先设计"小猫"角色的程序。选中"小猫"后，脚本区会显示"小猫"角色的程序。这里设置让小猫先向前移动 10 步，再向右旋转 15°。

在进行程序设计时，要将指令区内的积木拖曳至右侧的设计面板，将它们组合起来实现程序功能。当把积木拖曳到设计面板时，上一块积木下方会出现白色高亮区域，表示这是一个合理的连接，可以将其放置在这个位置。

图3-27　将积木拖曳至设计面板

对于不需要的积木，可以单击鼠标右键执行"删除"命令，或者直接将其拖曳回左侧指令区。

55

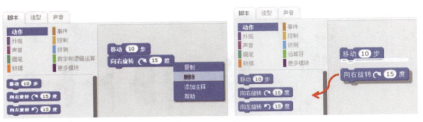

图3-28 单击鼠标右键删除积木　　图3-29 将积木拖曳回指令区

然后设计"小狗"角色的程序。要让"小狗"角色执行和"小猫"角色同样的程序。

选中"小狗"角色时,我们会发现脚本区的程序积木不见了。不要担心,因为每个角色都有自己的脚本、造型、声音,所以"小猫"角色的脚本当然不会出现在"小狗"角色中啦!那么,如何让一个角色与另一个角色执行相同的程序呢?直接将"小猫"角色的脚本拖曳到角色区中"小狗"的缩略图上即可。

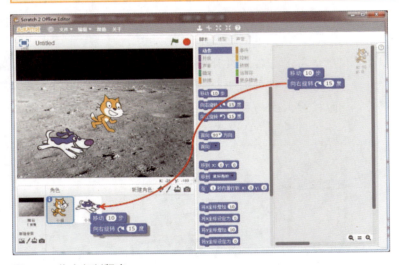

图3-30 拖曳复制程序

最后在背景中设计程序,播放背景音乐。

图3-31 背景程序

3.5.6 添加注释

对于复杂冗长的程序，大家可能都无法立刻理解其功能。因此我们需要对程序进行合理的注释，这样不仅能提高程序的可读性，以后还能快速回忆起当时的程序逻辑。添加注释的步骤如下。

首先用鼠标右键单击需要添加注释的积木，在弹出的菜单中选择"添加注释"选项。

图3-32 添加注释

然后在黄色标签中输入注释。拖曳其右下角的 ◢ 图标可以改变标签大小，单击标签左上角的 ▼ 图标则能够收起注释。

图3-33 输入注释

若想复制或删除注释，则用鼠标右键单击注释框，再在弹出的菜单中选择相应选项即可。

图3-34 复制或删除注释

3.5.7 调试项目

当所有工作都完成后,我们需要对程序进行调试。

> 用鼠标直接单击程序可直接执行该段程序,但项目中有多个角色的程序需要同时执行该怎么办呢?通常将事件模块中的 积木放置在各程序的顶部,执行程序时,单击绿旗 使其变亮,即可触发所有顶部为上述积木块的程序,并运行直至执行完毕。也可以将其他触发积木块放在一段程序的顶部,通过其他方式启动程序。

单击舞台区的 图标运行程序,查看程序运行效果是否正确。程序运行时,正在执行的积木边缘呈亮黄色。

图3-35 程序运行时的积木

> 所谓程序的"调试",是指在程序正式发布之前,修正语法错误和逻辑错误的过程。你需要重复运行程序并进行修改,直到程序达到期望的运行效果。

3.5.8 保存项目

完成项目后一定要进行保存。在工具栏的"文件"下拉菜单中选择"保存"选项。

图3-36 保存项目

第 3 章　认识操作界面

选择合适的文件夹，并输入项目名称"太空漫步"。

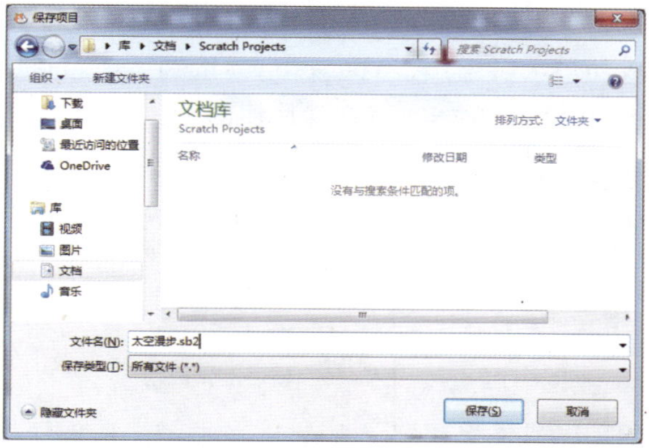

图3-37　输入项目名称

Scratch 2.0 项目文件的储存格式为"sb2"，这是 Scratch 专用的文件格式。当我们打开项目文件时，可以直接运行项目或再次编辑。

3.5.9　分享项目

Scratch 开发团队鼓励用户对程序进行修改和分享，甚至开源了 Scratch 代码。因此，Scratch 才会不断完善、蓬勃发展。所以建议学习者在 Scratch 的社区中分享自己的作品。大家互相学习，共同进步。

如何让其他 Scratch 爱好者看到自己的作品呢？首先在"文件"下拉菜单中选择"分享到网站"选项。

图3-38　上传项目

59

然后在弹出的对话框中输入你在 Scratch 官网的用户名和密码，单击"确定"按钮。

上传成功后，会弹出"Your project has been uploaded to scratch.mit.edu"的对话框，单击"确定"按钮即可。

图3-39　登录Scratch社区　　　图3-40　项目上传成功

上传的程序只是保存到了 Scratch 的服务器，但还处于未共享的状态，因此我们需要再将其设置为共享状态。登录官方网站，单击"我的项目中心"选项可查看刚才新上传的项目。

图3-41　选择"进入我的项目中心"选项

进入"我的项目中心"中的"非共享的项目"，再单击"转到设计页"按钮，查看项目详情。

图3-42 进入"非共享的项目"

项目的设计页上方提示"本项目没有分享"。分享者需要在右侧填写项目说明、备注和致谢,并为项目添加标签。

图3-43 填写项目说明、备注和致谢

填写完毕后单击页面右上方的"共享"按钮,共享成功后页面上方会提示"祝贺您已成功共享本项目"。

图3-44 分享项目

第4章

基本的程序设计

在前面的章节中我们已经了解了 Scratch 的基本操作，本章将从最基础的积木和程序结构开始讲起，系统地学习 Scratch 程序设计。

4.1 程序积木

程序积木都在脚本区中，Scratch 2.0 的积木按功能可分为十个模块：动作、外观、声音、画笔、数据、事件、控制、侦测、运算符、更多模块，每个模块的积木分别用不同的颜色进行区分。单击任意一个模块，都会出现该模块内的全部积木，Scratch 共计 100 多个指令积木。

图4-1　程序积木

十个模块的主要功能如表 4-1 所示。

表4-1　模块功能表

模　　块	功　　能
动作	控制角色的位置、方向、旋转、移动
外观	控制角色的造型及特效,提供文字显示框
声音	控制声音的播放、停止和音量,设定弹奏的乐器和音符
画笔	执行画笔绘图功能,设定画笔颜色、大小和色度
数据	新建用于保存数据的变量和链表
事件	触发某个事件,通常为程序的起始积木
控制	控制程序的执行顺序,也有克隆等功能
侦测	获取鼠标信息、角色间的距离,判断是否碰撞
运算符	逻辑运算、算术运算、字符串运算、取得随机数等
更多模块	添加自己制作的功能块,或添加硬件连接

如果将积木按使用目的分类,则可以分为命令块、功能块、触发块和控制块四种类型,其含义如表 4-2 所示。

表4-2　积木分类表

积木类型	积木含义		举　例
命令块	顶部有凹槽、底部有凸起,表示它们可以堆叠在一起		移动 10 步
功能块	并没有凹槽或凸起,可以作为其他指令的输入,但不能单独成为脚本的一层。从这类积木的形状可以看出它们返回何种类型的数值	输入块:椭圆形的功能块。返回数字或者字符串	鼠标的x坐标
		判断块:六边形的功能块。返回布尔值(真/假)	鼠标键被按下?
触发块	顶部为圆弧形、底部有凸起,表示它们只能放在一个程序的顶部。触发块连接脚本的各个事件,它们等待一个事件,事件发生时会触发它所在的指令栈		当 ▶ 被点击
控制块	顶部有凹槽、底部有凸起;侧方开口可容纳其他积木块		如果　　那么

4.2 程序结构

4.2.1 顺序结构

在程序设计中，顺序结构是最基础的程序结构。

> 如果我们想让小猫先做某事，再做某事，可采用顺序结构。因为顺序结构的执行顺序是自上而下依次执行。

采用顺序结构时，按照解决问题时的顺序依次写出指令。

【程序 4-1】让小猫依次说三句话："Hello（你好）！""I'm Scratch Cat（我是 Scratch 小猫）！""Welcome to the world of Scratch（欢迎来到 Scratch 的世界）！"。

设计程序：首先在外观模块中找到  积木，然后将其拖曳至右侧的设计面板，再复制两个相同的积木。通过前面的介绍我们可以判断此积木是一个命令块（顶部有凹槽，底部有凸起），因此可以将它们拼接起来。单击积木中的文本框，分别输入要让小猫说的三句话。

图4-2 "小猫说话"程序

执行程序：单击 ▶ 图标开始运行程序，Scratch 便会以 2 秒的间隔依次执行积木的指令，左侧的舞台中会显示出小猫依次说出的三句话。

图4-3 "小猫说话"项目界面

4.2.2 循环结构

如果想让小猫沿着三角形轨迹移动，可设计如下图所示的程序，但是我们会发现其中有许多重复执行的程序，有没有什么方法可以将它们简化呢？此时我们可采用循环结构。

图4-4 "小猫走三角形"程序

循环结构能重复程序中的一个指令或一组指令。Scratch 中的循环结构有：计次循环结构、无限循环结构、条件循环结构。下面我们详细讲解这三种循环结构。

1）计次循环结构

当执行有限次数的循环指令时可采用计次循环结构。

在控制模块中找到  积木，使用时需修改执行次数（默认为 10），然后将要重复执行的积木放入其内部。

【程序 4-2】让小猫沿着三角形轨迹移动，最后重回到初始位置。

设计程序：将需要的积木拖曳至设计面板，并按顺序放入重复循环积木内部，然后分别修改各积木的参数。让小猫每走完三角形的一个边就向左旋转 120°（多边形的外角和为 360°）。

图4-5 "小猫走三角形"简化程序

执行程序：单击 🏁 图标开始运行程序，小猫沿着三角形轨迹移动。

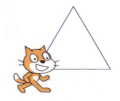

图4-6 "小猫走三角形"项目界面

思考：小猫移动的三角形痕迹是如何被记录下来的呢？

2）无限循环结构

如果想不计次数地重复执行指令，可以使用无限循环结构。

在控制模块中找到积木 [重复执行]，使用时直接将要无限重复执行的积木放入循环结构内部。

【程序4-3】让小猫来回不停地走动，碰到边缘就返回。

设计程序：先将重复执行积木拖曳至设计面板，再在动作模块中找到 [移动 10 步] 积木，为了不让小猫移动到舞台外，再加一个 [碰到边缘就反弹] 积木。

图4-7 "小猫往返走"程序

执行程序：单击 🏁 图标开始运行程序，小猫就在舞台中不停地左右往返移动。

图4-8 "小猫往返走"项目界面

停止程序：小猫会不停移动，如何让其停止呢？单击舞台旁边的●按钮可停止项目中的所有程序。

思考　小猫碰到舞台边缘返回时并没有头向下，这是如何实现的呢？

3）条件循环结构

如果想重复执行某指令直到某种情况发生，可以使用条件循环结构。

在控制模块中找到积木 ，使用时要嵌入判断块，然后将要重复执行的积木放入内部。所谓判断块，就是判断某种情况或条件是否成立，一般应用于循环结构及选择结构中，其具体含义见表4-2，判断块返回布尔值：真（true）/假（false）。

【程序4-4】制作一个数字抽取器，在舞台上依次显示数字0～9，按下空格时数字会停止变化，显示抽取到的数字。

新建角色：这里涉及"数字"这个角色的不同造型的切换，因此先新建一个"数字"角色，再在造型面板中添加10个造型，即数字0～9的图片。

图4-9 "数字"角色

67

设计程序：将条件循环积木拖曳至设计面板，在侦测模块内找到判断块 ，并将其嵌入，在判断块中单击向下三角按钮可以选择需要判断的按键类型——空格键。在外观模块中选择  ；在控制模块中选择  ，把其中的参数改为 0.1 秒，将这两块积木依次放入循环积木内部。

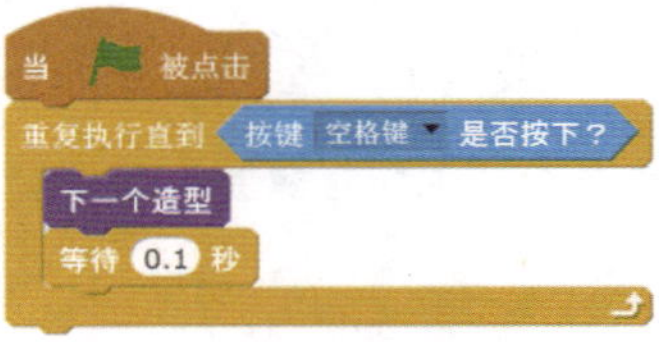

图4-10 "数字抽取器"程序

思考　如果想让数字变化得慢一点应该怎么办？

执行程序：单击 🚩 图标开始运行程序，舞台上数字不停地从 0 变化到 9，按下空格键时，"数字"角色会定格在当前的造型上，显示抽取到的数字。

图4-11 "数字抽取器"项目界面

4.2.3 选择结构

有时需要根据不同的情况，选择执行不同的程序，这种结构称为选择结构。Scratch 中包含单分支选择结构、双分支选择结构、嵌套分支选择结构。

1）单分支选择结构

只有判断块的布尔值为"真"时，才执行结构内部的程序，判断块为"假"时越过单分支选择结构，执行下面的程序。

 在控制模块中选择单分支选择块  ，在积木中嵌入判断块。当判断块的条件成立时执行选择结构内部的程序；当判断块中的条件不成立时则不执行其内部程序。

68

【程序4-5】实现按空格键小猫就会跳跃的运动效果。

设计程序：首先需要重复执行指令，来不断执行单分支选择积木；然后在单分支选择积木中嵌入判断块，判断空格键是否按下。如果按下，那么执行其内部的跳起指令；改变 y 轴坐标值可以使角色在数值方向上移动，所以跳起指令是将 y 轴坐标增加再减少。

图4-12 "小猫跳跃"程序

思考　如何让小猫跳起时变换造型，使跳跃的效果更加生动？

执行程序：单击 ▶ 图标开始运行程序，每次按下空格键时，舞台上的小猫便会跳一下。

图4-13 "小猫跳跃"项目界面

2）双分支选择结构

当需要判断在不同情况下分别执行不同程序时，使用双分支选择结构。当判断块的布尔值为"真"和"假"时分别执行结构内部的两组程序。

在控制模块中选择双分支选择块，在积木中嵌入判断块。当判断块的条件成立时执行选择结构内部的第一组程序，当判断块中的条件不成立时执行第二组程序。

【程序4-6】通过单击鼠标让小猫走路，并有造型切换环节，可模拟出走路时的效果。

设计程序：在默认的"小猫"角色中，小猫有两个造型。

选择重复执行积木，不断执行双分支选择积木。在双分支选择积木中嵌入判断块 `鼠标键被按下?`，判断当单击鼠标时执行第一组程序，否则执行第二组程序。在选择结构内部"如果…那么"后放入第一组程序：切换造型积木 `将造型切换为 造型2` 和移动积木 `移动 10 步`；在选择结构的"否则"后放入第二组程序：切换造型积木 `将造型切换为 造型1`。

图4-14 "小猫"角色　　　　　图4-15 "小猫走路姿势"程序

执行程序：单击 ▶ 图标开始运行程序，单击鼠标时，小猫更换为造型2，并向前移动。

图4-16 "小猫走路姿势"项目界面

3）嵌套分支选择结构

如果需要判断的情况超过两种时怎么办呢？此时应使用嵌套分支选择结构，即将选择结构积木块互相嵌套。

第4章 基本的程序设计

在使用嵌套分支选择结构时，可根据实际情况选择不同的积木互相嵌套，例如有三种情况时可用 的嵌套方式，满足第一种情况时执行第一组程序，否则判断是否满足第二种情况，满足则执行第二组程序，否则执行第三组程序。

【程序 4-7】输入分数，并让小猫自行判断分数所属等级。

设计程序：在默认的"小猫"角色中，选择重复执行积木，重复询问分数并循环执行多分支选择积木。多分支选择结构，即在双分支选择积木内部嵌入单分支/双分支选择积木。判断条件为：90 分以上为优秀、80 分以上 90 分以下为良好、70 分以上 80 分以下为中等、60 分以上 70 分以下为及格、60 分以下为不及格。小猫根据判断条件说出分数所属等级。

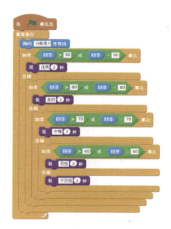

图4-17 "判断分数等级"程序

执行程序：单击 图标开始运行程序，在舞台下方的输入框中输入一个分数，小猫会说出这个分数的等级。

图4-18 "判断分数等级"项目界面

71

4.3 变量

变量就是程序中变化的量，在程序执行期间，这些值是可以改变的。每个变量都有自己的名字，以便被引用。

> 使用变量时，首先在数据模块中选择"新建变量"选项，在弹出的对话框中需要输入变量名（Scratch 中的变量名称可以使用中文、字母、数字及符号），并选择此变量适用的范围：适用于所有角色的，称为全局变量；仅适用于当前角色的，称为局部变量，然后单击"确定"按钮。

图4-19　新建变量

新建一个"分数"变量。在数据模块中会出现关于此变量的5块积木供我们使用：变量的输入块、设定及更改变量值、显示或隐藏变量。

图4-20　变量相关积木

第 4 章　基本的程序设计

小贴士

"分数"变量的输入块前面有复选框，系统默认选中此复选框，可看到该变量的监控器会出现在舞台区，显示此输入块返回的当前值。如果不需要在舞台中查看参数的值，则取消选中该复选框。

图4-21　"分数"变量监控器

例如：如果要计算游戏获得的总分数，因为每个角色都可以改变这个数值，因此应使用全局变量。在含有多个角色的游戏中，如果需要单独计算每个角色的生命值，则应给每个角色分别使用局部变量。

【程序 4-8】用魔法棒打小猫游戏。共有两只小猫，无论打到哪一只小猫总分数都会加 1，因此分数为全局变量；每只小猫的血量需要分别计算，因此是局部变量。

新建角色：新建一个"魔法棒"角色作为打小猫的武器。在角色库的"物品"分类中选择"magicwand"角色，该角色有两个造型。

图4-22　选择"magicwand"角色

因为系统默认有一个小猫角色，因此需再复制一个小猫角色。此时角色区共有三个角色。

图4-23　三个角色

设计程序：首先分别在背景、小猫1、小猫2的指令区新建变量：分数、血量1、血量2。注意，"分数"选择"适用于所有角色"，"血量1"和"血量2"选择"仅适用于当前角色"。然后选中所有变量前面的复选框，开启舞台监控器。

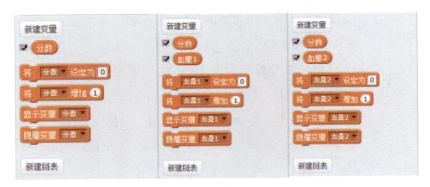

图4-24　三个变量

背景程序很简单，开始游戏时将"分数"初始值设为0。

图4-25　背景程序

"魔法棒"角色主要执行"挥动"的动作，其程序分为角色随鼠标移动、单击鼠标时切换造型两部分。

第 4 章　基本的程序设计

图4-26　"魔法棒"程序

"小猫 1"角色应用一个单分支选择结构，当被"魔法棒"角色碰到且单击鼠标时，执行结构内部的程序：将局部变量"血量 1"减 1，将全局变量"分数"加 1。

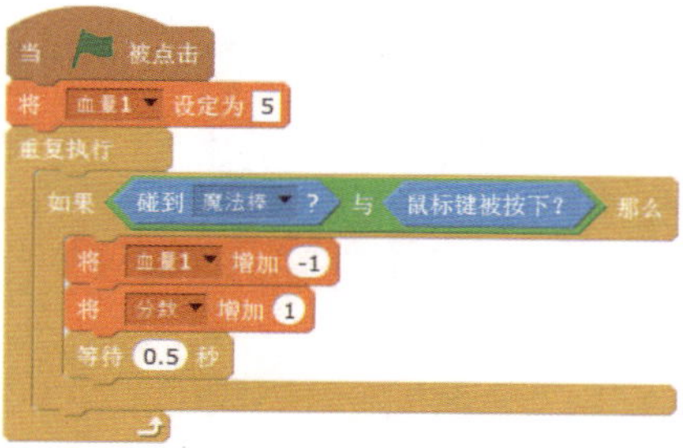

图4-27　"小猫1"程序

"小猫 2"角色的程序可由"小猫 1"复制得到，复制程序后需要将变量名由"血量 1"改为"血量 2"。

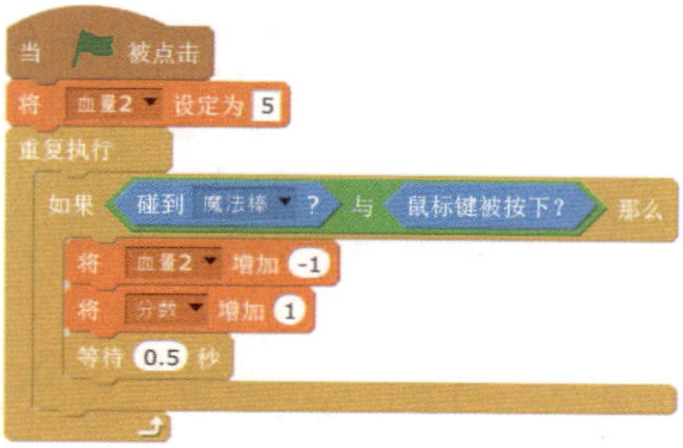

图4-28　"小猫2"程序

执行程序：单击 🚩 图标开始运行程序，分数置零，两角色血量均为 5。用鼠标控制魔法棒移动，用魔法棒打到小猫 2，小猫 2 的血量减少，分数加 1。

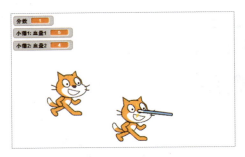

图4-29 "打小猫"项目界面

4.4 运算符

Scratch 提供了各种不同的运算：算术运算、比较运算、逻辑运算、字符串运算、函数运算，此外，Scratch 还包含了随机数生成、取余、四舍五入等指令。此模块积木为绿色，且属于没有凹槽或凸起的功能块，使用时需要将其嵌入其他积木中作为输入，不能单独使用。

4.4.1 算术运算

Scratch 支持四种算术运算，即加（＋）、减（－）、乘（＊）、除（/），算术运算是两边圆滑的功能块，返回一个数值。

【程序 4-9】计算得出公式 [78*（45+20）]/3 的结果。

设计程序：要注意处理好运算的优先级问题，嵌套时要有条理。

图4-30 "计算公式"程序

执行程序：单击 🚩 图标开始执行程序，小猫自动说出公式计算结果。

第 4 章 基本的程序设计

图4-31 "计算公式"项目界面

 思考　如何构造出 $\{1, 6, 11, \cdots, \frac{n}{1}\}$ 这样的等差数列？

　添加变量，采用循环结构试一试。

4.4.2 比较运算

　比较运算是六边形的功能块，返回一个布尔值，即只有"真"和"假"两种情况。比较运算可以用于某一变量，以比较数值的大小。

【程序 4-10】判断分数是否及格。

设计程序：主体为一个双分支选择结构。用"分数"与"60"这一确定数值进行比较。

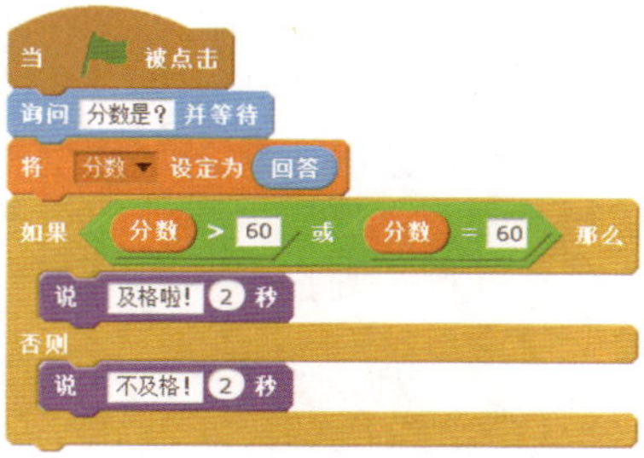

图4-32 "判断分数是否及格"程序

执行程序：单击 ▶ 图标开始执行程序，输入分数，小猫会判断其是否及格：78 分是及格的。

图4-33 "判断分数是否及格"项目界面

4.4.3 逻辑运算

逻辑运算也是返回布尔值,有"与""或""非"三种基本逻辑运算,运算法则为:真真得真(与运算 <与>),假假得假(或运算 <或>),真假互换(非运算 <不成立>)。"与"运算只有两项都为真时才为真,否则就是假;"或"运算只要有一项为真就为真,两项都为假才为假;"非"运算中,真是假,假是真。

逻辑运算的"布尔值表"如表4-3所示,在这里为了方便查看,将布尔值中的"真"写做"1","假"写做"0"。

表4-3 逻辑运算布尔值表

	布尔值A	布尔值B	A与B	A或B	A不成立
情况1	1	1	1	1	0
情况2	1	0	0	1	0
情况3	0	1	0	1	1
情况4	0	0	0	0	1

> 将逻辑运算与比较运算结合,可以实现某些特殊符号,如"≥""≤"等。

【程序4-10】尝试实现一个数集 $\{3 \leqslant x \leqslant 18\}$,然后判断某数是否在数集中。

设计程序:将询问到的回答赋值给 x,以便参与后面的计算与判断。

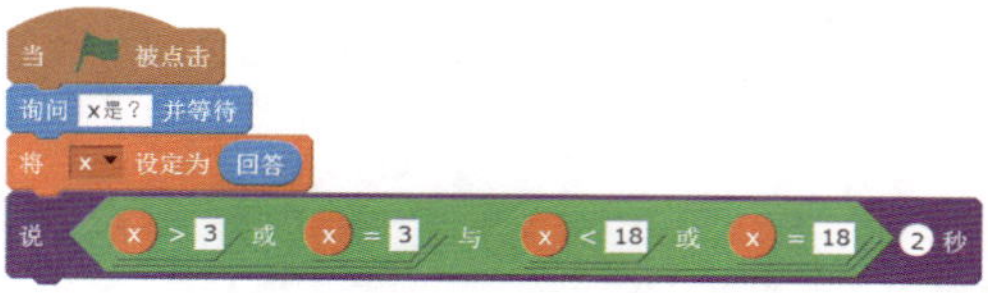

第 4 章 基本的程序设计

图4-34 "判断某数是否在数集中"程序

如果从另一个角度思考，判断部分也可以简化为如下程序。

图4-35 "判断部分"程序

执行程序：单击 🚩 图标开始执行程序，输入 x 的值，小猫会判断 x 是否在数集中。如果 x 在数集中小猫说"true"；如果 x 不在数集中小猫则说"false"。

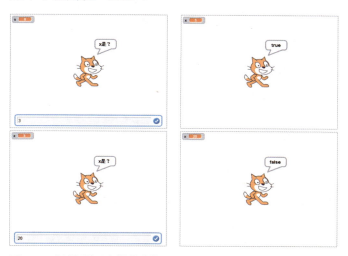

图4-36 "判断是否在数集中"项目界面

4.4.4 字符串运算

字符串运算是对文字、字符等进行的各种运算。连接 hello world 表示连接两个字符串，可以用来回答问题；world 的长度 第 1 个字符：world 则是计算字符串的长度或显示第几个字符是什么。

【程序 4-12】"猜单词"游戏中需要提供"单词的长度"和"第 n 个字符是什么"等信息。

设计程序：判断输入的单词的长度与它的第一个字符，并提示给玩家。

图4-37 "猜单词"程序

执行程序：单击 ▶ 图标开始执行程序，输入单词，小猫会说出单词的"长度"及"第一个字符"等信息。

图4-38 "猜单词"舞台界面

4.4.5 函数运算

Scratch 的函数运算种类较多，包含了取绝对值、取整、平方根、三角函数、指数函数、对数函数等 14 种函数运算。

【程序 4-13】认识直角三角形。

设计程序："已知直角三角形的一条边长及一个锐角,根据三角函数定理,可求出直角三角形的斜边长。"

图4-39　"认识直角三角形"程序

执行程序:单击 图标开始执行程序,输入"直角边"和"对应锐角"的值,小猫会说出该三角形的"斜边长"。

图4-40　"认识直角三角形"项目界面

4.4.6　其他运算

其他运算有:四舍五入、随机数生成、取余。

(1)在运算中有时需要将数字只保留到整数位,此时应用 积木。

例如:将 3.3 四舍五入 和 将 3.8 四舍五入 的运算结果如下图所示。

图4-41　"四舍五入"舞台界面

思考　如何将 3.14159 四舍五入到百分位？

（2）在运算中有时需要取两数相除的余数，此时用   积木。

 例如：取 4/3 的余数可用下图中的程序实现。

图4-42　"取4/3的余数"程序

运算结果如下。

图4-43　"取4/3的余数"舞台界面

（3）在创建项目时，常需要生成随机数使程序有更多变化，此时需要使用随机数生成积木。

 例如：在 0.1～0.9 中产生任意数，可用如下程序实现。

图4-44　"在0.1～0.9中产生任意数"程序

此时产生的随机数应在数集 $\{0.1, 0.2, \cdots, 0.9\}$ 中，且有效数字为 2。

第 4 章 基本的程序设计

图4-45 "在0.1～0.9中产生任意数"舞台界面

4.5 自定义功能块

程序比较复杂时,经常会有一部分指令在各角色中重复执行,每次都复制这些指令会使程序变得冗长,因此需要将这些具有特定功能的,而且经常重复使用的程序积木独立出来,构建一个新的功能块,我们称这个新的功能块为"自定义功能块"。

> 新建功能块时,首先在"更多模块"中选择"新建功能块"选项,在弹出的对话框中输入此功能块的名称,然后单击"确定"按钮。

图4-46 "新建功能块"界面

> 功能块新建成功后,会显示在更多模块下,而且设计面板会自动生成一个"定义"积木,我们需要在此处定义功能块,即将能实现其功能的程序放置在其下方。

83

图4-47 "定义功能块"积木

新建功能块的高级界面：在弹出对话框中单击"选项"左侧的下三角按钮，可将下列"选项"的值传输给新建的功能块，选项如表4-4所示。

表4-4 自定义功能块可添加选项表

选　　项	选　项　值	预设名称
数字参数	为数值	number1、number2……
字符串参数	为文字	string1、string2……
布尔参数	为"真"或"假"	boolean1、boolean2……
文本标签	为固定文本，仅作显示用	空字符串

每个选项的名称都可以更改，只需单击选项的名称框即可。设置的名称要有意义，以便增加程序的可读性。

图4-48 新建功能块高级界面

如果需要删除某选项，只需单击该选项上方的 ⊗ 按钮。

小贴士

有时在删除自定义功能块时会出现如下图所示的"不能删除"警告框，这是因为必须将脚本区所有引用该功能块积木全部删除后，才能删除"定义"积木，即将自定义功能块删除。

图4-49 "不能删除"警告框

【程序4-14】新建一个"跳跃"功能块,通过输入跳跃次数来控制小猫跳几次。

设计程序:在"更多模块"中选择"新建功能块"选项,在"选项"区域中添加一个数字参数作为输入的跳跃次数,分别将功能块和数字参数的名称改为"跳跃"和"次数",单击"确定"按钮。

图4-50 新建"跳跃"功能块

先定义新建的"跳跃"功能块,将【程序4-5】稍作修改,让小猫跳起和下落停顿的时间稍微长一些,使效果更明显,并重复执行。

然后进行主体程序的设计,在"侦测"模块中找到 询问 What's your name? 并等待 指令,在回答框中输入"跳几次?",然后从"更多模块"中调用 跳跃 1 指令,将 回答 指令放置在"跳跃"指令的输入框中,即将"回答"作为跳跃的次数。

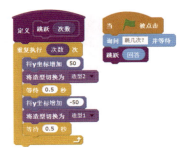

图4-51 "跳跃功能块"程序

执行程序：单击 🚩 图标开始运行程序，小猫会问："跳几次？"，在舞台下方的回答框中输入跳跃次数，小猫便会按输入的次数跳跃。

图4-52 "跳跃功能块"项目界面

4.6 链表

项目中如果有大量相同类型的数据需要存储，我们要新建许多变量。例如：一个科的病房有20位病人，要连续记录每位病人一周内的体温，就需要新建140个变量来存储，完成这个工作需要耗费较长时间及大量的系统资源。

链表就是一个可以存放多个数据的容器，即一些性质相同的变量的集合。链表中的数据（在链表中称为"元素"）是一个接一个存放进去的，这样就可以通过在链表中的位置编号来存取特定元素。

 使用链表时，首先在"数据"模块中选择"新建链表"选项，再在弹出的对话框中输入链表名，并选择此链表适用的范围，然后单击"确定"按钮。与变量类似，链表也分为全局链表和局部链表。

图4-53 新建链表界面

新建一个"体温"链表。在"数据"模块中会出现关于此链表的 10 块积木供我们使用。

图4-54　链表相关积木

选中 体温 前面的复选框，舞台中会显示此链表的监控器。

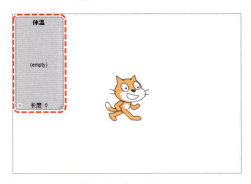

图4-55　"体温"链表监控器

　　如果想改变监控器在舞台中的大小，拖曳监控器右下角的 图标即可。需要新增一个元素时，先单击监控器左下角的 图标，然后在输入框中输入该元素的值，则该元素在链表中的位置为 1，此时链表的长度也变为 1。当然，也可以通过积木添加新元素。

87

图4-56　新增元素

【程序 4-15】制作一个"计划表",能够实现:把一天中要做的事件按顺序添加进来;删除任意位置的事件;在任意位置添加新的事件;查看要做的事件等功能。

1)把一天中要做的事件按顺序添加进来

设计程序:在"数据"模块中新建一个"计划表"链表,选中"适用于所有角色"单选按钮;在"数据"模块中新建一个"位置"变量,选中"适用于所有角色"单选按钮,表示"计划表"中某元素的位置。舞台中会显示"计划表"和"位置"的监控器。

图4-57　"计划表"舞台监控器

程序整体采用"无限循环结构",在结构内部,首先提问"今天的计划是?"然后添加一个"双分支选择结构",如果"回答"为"删除""插入""替换""查看"中的任意一个,那么执行第一组程序,否则执行第二组程序。

第一组程序首先将"位置"变量置为"0",然后由四个"单分支选择结构"组成,判断"回答"是哪条指令则执行该指令;第二

第 4 章　基本的程序设计

组程序为链表相关积木，将"回答"加入到"计划表"链表的末尾。

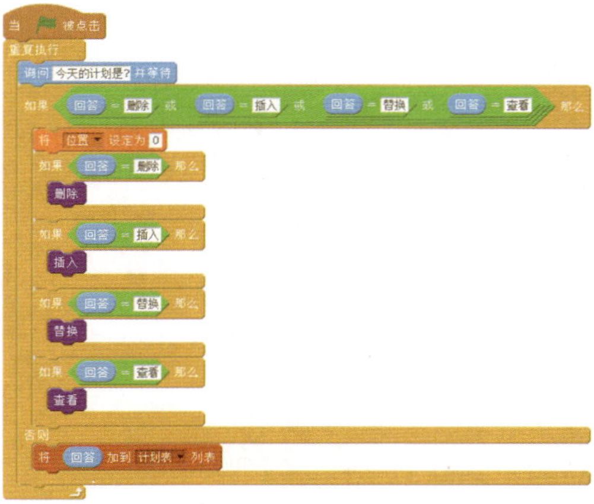

图4-58　"计划表"程序

执行程序：单击 🏁 图标开始运行程序，依次在回答框中输入"晨练""早饭""看电影"，则循环执行第二组程序，将三个元素依次加入链表中。

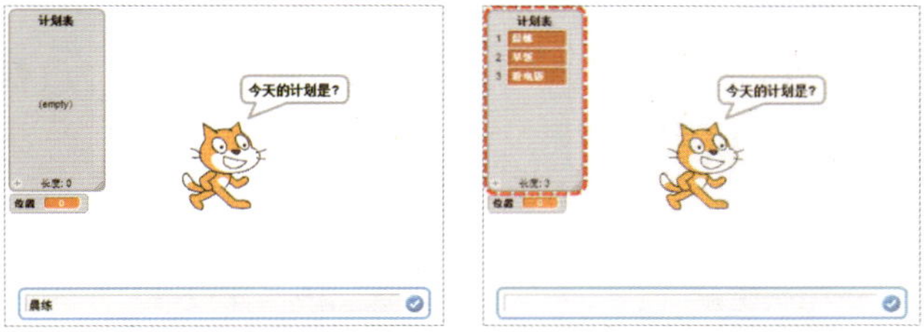

图4-59　"添加链表元素"舞台界面

2）删除任意位置的事件

设计程序：如果在回答框中输入"删除"，会执行"删除"程序，首先询问删除第几个计划，然后将回答赋值给"位置"变量，再将"计划表"链表中该位置的元素删除。

图4-60　"删除链表中元素"程序

89

执行程序：单击 🏁 图标开始运行程序，在回答框中输入"删除"，则执行第一组程序，询问要删除元素的位置，回答"2"，则第 2 个元素"早饭"被删除。

图4-61 "删除链表中元素"舞台界面

3）在任意位置添加新的事件

设计程序：如果在回答框中输入"插入"，则询问将新元素插入至链表中的位置几，回答"2"；再询问新计划是什么，回答"早饭"，在链表的位置 2 插入"早饭"。

图4-62 "插入新元素至链表"程序

思考　执行的"插入"程序是哪里来的？

执行程序：单击 🏁 图标开始运行程序，在回答框中输入"插入"，询问新元素插入的位置，回答"1"；再询问新的计划，回答"背单词"，则第 1 个元素变为"背单词"，其他元素依次下移。

第 4 章　基本的程序设计

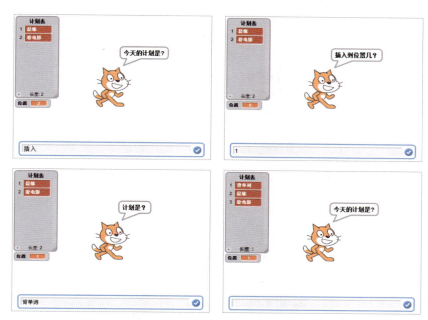

图4-63　"插入新元素至链表"舞台界面

4）替换要做的事件

设计程序：如果在回答框中输入"替换"，会执行"替换"程序，首先询问替换位置几的元素，然后将回答赋值给"位置"变量，再次询问将元素替换成什么，将"回答"插入到链表中的相应位置。

图4-64　"替换链表中元素"程序

执行程序：单击 ▶ 图标开始运行程序，在回答框中输入"替换"，再询问替换链表中位置几的元素，回答"3"；询问替换的计划，回答"看书"，则原来的第 3 个元素"看电影"被替换成"看书"。

91

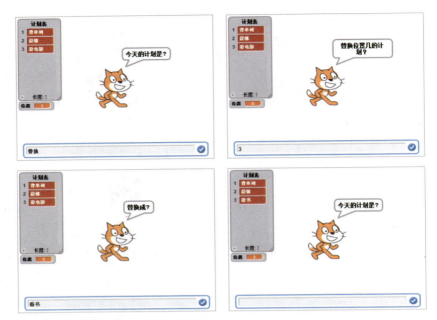

图4-65 "替换链表中元素"舞台界面

5）查看要做的事件

设计程序：如果在回答框中输入"查看"，会执行"查看"程序，首先将"位置"变量置为"1"（因为链表中的元素从位置1开始），然后依次读取链表中元素。

图4-66 "读取链表中元素"程序

执行程序：单击 ▶ 图标开始运行程序，在回答框中输入"查看"，则执行第一组程序，依次说出链表中三个元素"背单词""晨练""看书"。

第 4 章 基本的程序设计

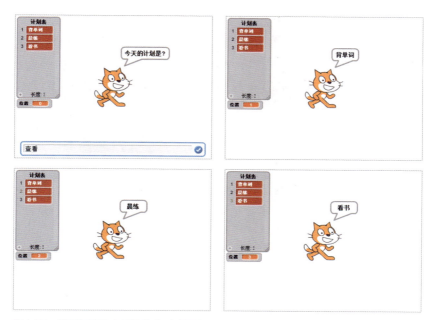

图4-67 "读取链表中元素"舞台界面

4.7 克隆

　　Scratch 2.0 重要的改进之一就是可以通过积木克隆角色。有时项目中需要许多相同的角色,例如打砖块游戏中的砖块,以前设计这些砖块时必须采用新增角色的方法,不断新建砖块角色,并赋予它们不同的名称,但是这些砖块不仅外形相同,功能也完全一致。Scratch 2.0 新增了克隆功能的指令后,该操作就变得简单多了,我们仅需在设计程序时新建一个角色,再克隆出其他与之外形和功能相同的角色即可。

小贴士

　　在这里我们区分一下工具栏中的复制、画笔模块中的图章积木以及现在学习的克隆积木。"复制"指令是将角色及其程序等完全复制,是一个新的角色,并且拥有自己独立的名字;"图章"指令仅仅显示一个图像,该图像不能点选,也不能移动,更不能执行程序;"克隆"指令则是克隆出一个真实的角色,可以执行程序。

使用"克隆"指令时，首先在"控制"模块中选择积木"克隆自己"或"克隆某一角色"，将克隆体要执行的程序放在 当作为克隆体启动时 积木下方，当不再需要克隆体时可以用 删除本克隆体 积木将其删除。

【程序4-16】克隆小猫。"老鼠"角色随鼠标移动，将"小猫"角色克隆三次，一起向"老鼠"方向移动，抓"老鼠"。

新建角色：在角色库的"动物"分类中选择"mouse"角色，更改其名称为"老鼠"，并将其调整至合适的大小。

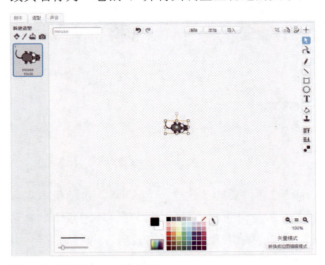

图4-68　选择"mouse"角色

设计程序："老鼠"角色的程序很简单，让其随鼠标移动即可。

图4-69　"老鼠"角色程序

"小猫"角色在开始执行程序时，移动至坐标（0，0）处，在不同的坐标位置上发出"克隆自己"的指令三次，之后向"老鼠"方向移动。

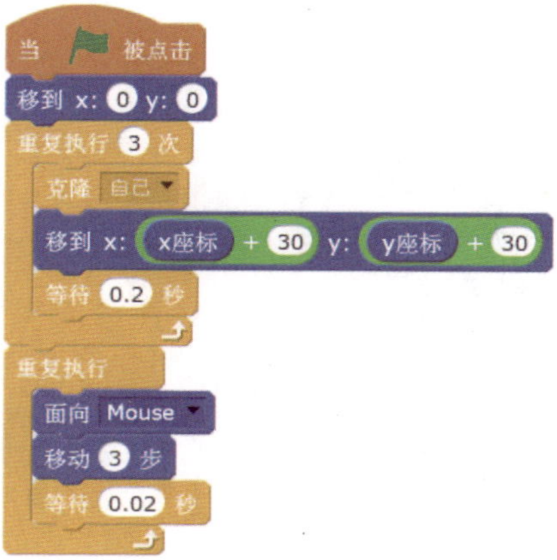

第 4 章　基本的程序设计

图4-70　"小猫"角色程序

当"小猫"发出克隆指令时，启动克隆体，克隆体不断向"老鼠"移动，直到碰到"老鼠"，此时不再需要克隆体，发出"删除本克隆体"指令，将其删除。这样克隆体可以动态地启动与删除，以提高程序效率。

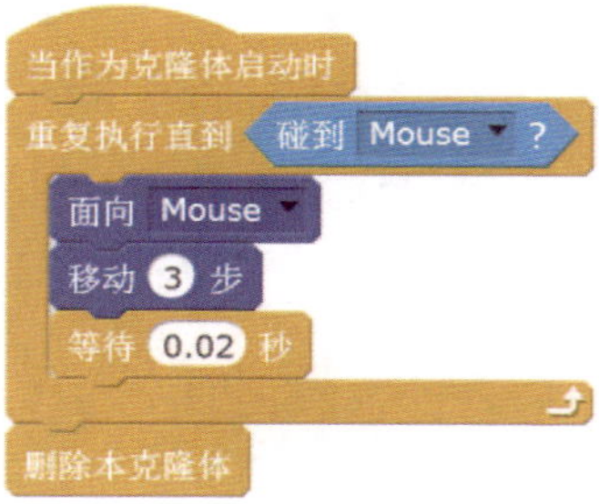

图4-71　克隆体程序

执行程序：单击 🚩 图标开始运行程序，小猫在不同位置克隆了三个自己，同时抓老鼠，抓到老鼠后，克隆体消失，只留下角色本身。

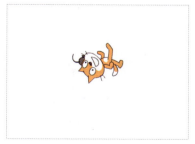

图4-72　"克隆小猫"项目界面

95

第5章

让你的角色"活"起来

在上一章我们了解了 Scratch 的基本程序设计，本章小奥会带领大家进行更深入的探索，教大家如何让角色"活"起来（例如执行各种动作），并设计更有趣的场景。

5.1 角色移动

如何使角色从舞台一端移动至另一端？如何让角色在需要的坐标位置出现？这一节我们将学习让角色以不同的方式移动。Scratch 提供了可使角色旋转、移动和移至某坐标位置的积木。

表5-1 旋转及移动积木

积　　木	功　　能
移动 10 步	向角色面向的方向移动10步
向右旋转 ↻ 15 度	顺时针旋转15°
向左旋转 ↺ 15 度	逆时针旋转15°

第 5 章　让你的角色"活"起来

续表

积　木	功　能
面向 90▼ 方向	面向指定的方向
面向 ▼	面向鼠标指针或某一角色
移到 x: 0 y: 0	移动到（x，y）坐标位置
在 1 秒内滑行到 x: 0 y: 0	在1秒内滑行到（x，y）坐标位置
将x坐标增加 10	增加x轴坐标值
将x坐标设定为 0	将x轴坐标值设定为某一值
将y坐标增加 10	增加y轴坐标值
将y坐标设定为 0	将y轴坐标值设定为某一值
移到 鼠标指针 ▼	移动至鼠标指针位置

5.1.1　键盘控制移动

角色移动最常用的方式是使用键盘控制角色"上""下""左""右"移动。

【程序 5-1】使用键盘控制"小猫"移动。

新建角色：角色为系统默认的"小猫"角色。单击 按钮进入角色信息界面，设置"小猫"角色的旋转模式为"左右旋转"。

图5-1　"小猫"角色

设计程序：程序包含四个单分支选择结构，分别对应侦测到键盘的"上移键""下移键""右移键""左移键"；每个选择结构内部的程序为：先将角色面向侦测到的方向，然后再移动。

97

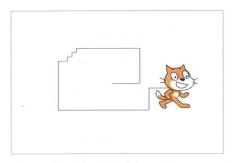

图5-2 "键盘控制移动"程序

执行程序：单击 ▶ 图标开始运行程序，用键盘控制小猫上、下、左、右移动。

图5-3 "键盘控制移动"项目界面

5.1.2 鼠标控制移动

另一种移动角色的方式是使用鼠标，下面小奥介绍两种不同的鼠标控制方式，快来试试吧。

【程序 5-2】小猫的两种移动方式。方式 1 为跟随鼠标指针移动；方式 2 为朝向鼠标指针移动。

第 5 章 让你的角色"活"起来

设计程序：程序包含两个单分支选择结构，循环判断按键按下的是"1"还是"2"，以实现方式 1 和方式 2 的实时切换。第一个选择结构内部的程序是将角色不断移动到"鼠标指针"位置；第二个选择结构内部的程序是不断将角色面向"鼠标指针"后再移动。

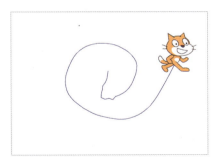

图5-4 "鼠标控制移动"程序

执行程序：单击 ▶ 图标开始运行程序，用鼠标控制小猫进行移动，体会两种控制方式的不同。

图5-5 "鼠标控制移动"项目界面

运行程序时，会发现方式 2 中角色移动到鼠标指针的位置时，会迅速自转，这个问题很容易解决，只需要添加一个判断块，设置当角色与鼠标指针距离大于 10 时才向鼠标指针位置移动。

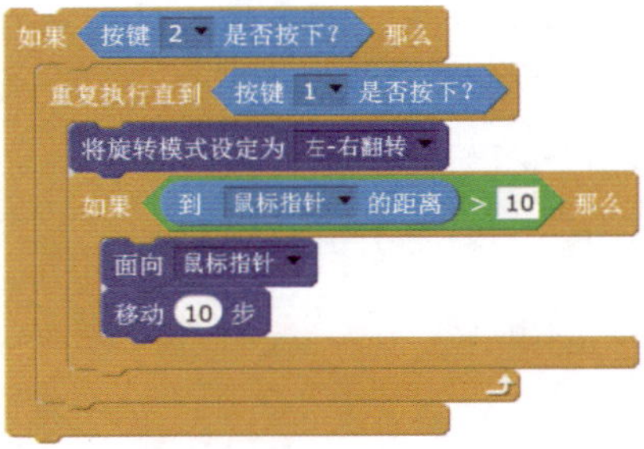

图5-6 改进版"朝向鼠标移动"程序

思考: 如何实现角色向鼠标单击的位置移动呢?

5.1.3 自动移动

有时我们需要让角色在某一范围内不停往返移动,这就需要限制其 x 轴或 y 轴坐标的范围。

【程序 5-3】让小猫在 y 轴 [−80,80] 的范围内移动。

设计程序:先面向上方,然后重复执行。当 y 轴坐标大于 80 时则面向下方;当 y 轴坐标小于 −80 时则面向上方。

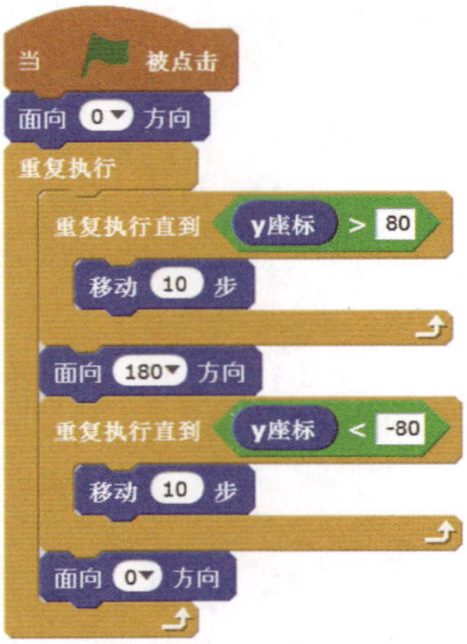

图5-7 "限制范围移动"程序

执行程序:单击 ▶ 图标开始运行程序,小猫自动在 y 轴 [−80,80] 的范围内移动。

第 5 章 让你的角色"活"起来

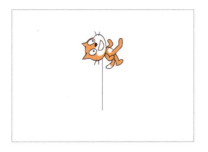 

图5-8 "限制范围移动"项目界面

有时需要角色自己按照一定轨迹运动，比如按照圆形、正方形轨迹运动。

【程序 5-4】小猫按照规定了圆心、半径的圆形轨迹移动。

设计程序：新建"x""y""r""角度"四个变量，依次设定每个变量的初值。我们学习了已知一直角边和对应的角度求斜边的程序，这里稍有不同，已知斜边和一个角，求直角三角形的两直角边，其中直角边 $x = r \cdot \sin\theta$，直角边 $y = r \cdot \cos\theta$。

先将角色移动至圆形最右端点，然后不断增加"角度"变量，因为圆一周有360°，所以每次"角度"变量增加12°，重复执行30次，即360=12×30。每次移动至新位置的坐标，是由原坐标分别加上直角三角形的两直角边得到的。

图5-9 "按照圆形轨迹移动"程序

执行程序：单击 ▶ 图标开始运行程序，设置圆心坐标为 (0,0)，半径为 90，小猫自动按照圆形轨迹移动。

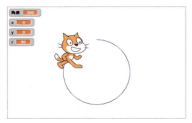

图5-10 "按照圆形轨迹移动"项目界面

5.1.4 其他移动

角色从一端消失,在另一端出现。

【程序5-5】让小猫向右走,在最右端消失,从最左端出现。

设计程序:当小猫 x 轴坐标大于240(在舞台最右端)时,将 x 轴坐标设定为 -240(舞台最左端)。

图5-11 "消失与出现"程序

执行程序:单击 ▶ 图标开始运行程序,小猫向右走,从右侧舞台消失后,立刻从左侧舞台出现。

图5-12 "消失与出现"项目界面

第 5 章 让你的角色"活"起来

5.2 场景移动

在游戏中经常会涉及场景变换，例如：蓝天下的白云不断移动，营造出角色不断前进的错觉；或者多个背景连接然后不断滚动。由于背景是不可移动的，我们将滚动的背景新建为角色。

【程序 5-6】多个背景循环滚动。

新建角色：用绘制新角色的方式新建角色"山坡 1"和"山坡 2"。

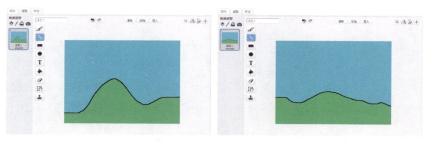

图5-13　绘制"山坡1"角色　　　图5-14　绘制"山坡2"角色

用绘制新角色方式新建角色"山坡 3"，在其最右端放置一面红旗，作为终点，此时在角色区可看到四个角色。

图5-15　绘制"山坡3"角色　　图5-16　四个角色

设计程序：新建全局变量"滚动"，作为山坡角色连续滚动的滚动值。

"小猫"角色程序：角色初始位置为 [-190，-80]，"滚动值"初始值为 0。重复执行减小变量"滚动值"，直到其小于 -960，这个变量主要在"山坡"角色中使用。在变量"滚动值"减小的过程中，

103

小猫从舞台左侧移动至右侧,再加上"山坡"背景不断滚动,就会产生小猫在山间行进的效果。

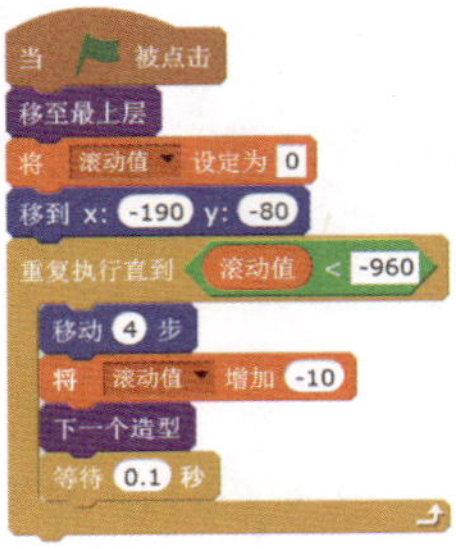

图5-17 "小猫"程序

三个"山坡"角色程序:我们知道舞台的宽度为480,"山坡"角色的 x 轴坐标值 = 滚动值 +n× 舞台宽度,三个山坡的 n 分别为1、2和3。滚动值从0减小至 −960,则三个角色的 x 轴坐标均不断减小,每个角色都从自己的初始位置不断向左移动,即场景不断滚动。

图5-18 "山坡"程序

执行程序:单击 图标开始运行程序,"山坡"背景不断向左滚动,小猫在山坡间不断向右移动,直到移动至红旗处。

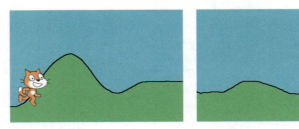

图5-19 "背景滚动"项目界面

5.3 计时器

在游戏中常常需要计时,通常我们会用到两种计时方式:一种是正常计算游戏所花费的总时间,另一种则是倒计时。

5.3.1 正计时

Scratch 在"侦测"模块中提供了计时器 计时器 来计算时间，若需要在舞台中显示计时器的监控器，可以选中其前面的复选框。

【程序 5-7】智能计时器。按空格键可控制计时器的暂停与继续，按"0"键可以重置计时器。

设计程序：新建"基础时间""开始时间""总时间""中断"四个变量，并选中"总时间"和"中断"变量前面的复选框。

"小猫"角色程序：小猫会重复说明智能计算器的使用方法。

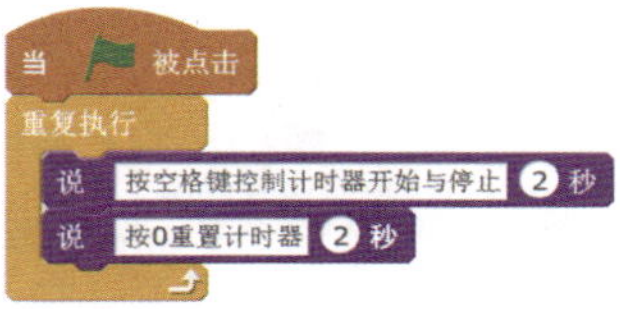

图5-20　"说明使用方法"程序

主程序分三部分。第一部分：将"基础时间"初始值设为 0；由于程序开始时不立刻计时，所以将"中断"初始值设为 1，表示非计时状态；不断检测"空格键"是否被按下，如果按下则判断"中断"值是否为 1。如果为 1，将其置 0，将系统"计时器"的时间赋值给"开始时间"；如果为 0，将其置 1，并将"总时间"赋值给"基础时间"，执行完以上程序后等待空格键再次被按下。

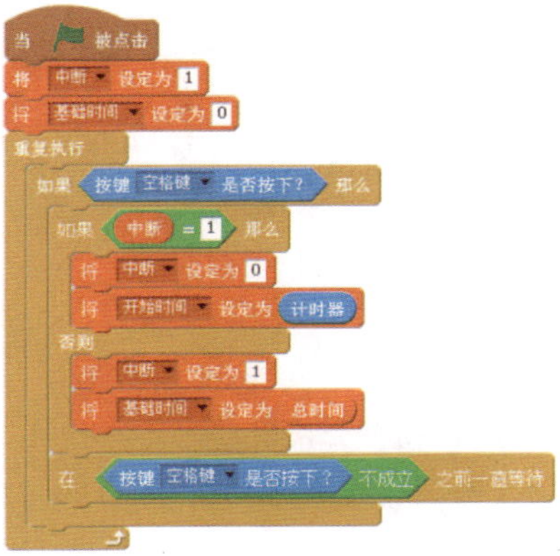

图5-21　"空格键控制计时"程序

第二部分：计算"总时间"。上一程序中的"总时间"通过公式计算得出：总时间 = 基础时间 + 计时器时间 − 开始时间，之后进行取整运算，将得出的结果再次赋值给"总时间"。

图5-22　"总时间计算"程序

第三部分：重置计时器。当按下"0"键时，将"总时间"和"基础时间"均置 0。

图5-23　"重置计时器"程序

执行程序：单击 ▶ 图标开始运行程序，左上角的监控器会显示计时器的"总时间"以及是否"中断"，按"空格键"可以控制计时器是暂停还是继续，可按下"0"键重置计时器。

图5-24　"智能计时器"项目界面

小贴士

　　如果一直计时，随着时间的增加会发现计时器的时间与真实的时间不一致！这是因为系统的计时器是以图像的 25 帧作为 1 秒来计算的，当程序较大，每一帧运行变慢时，系统计时器每秒的时间就变长了，计时时间越长这种差距越明显。

5.3.2 倒计时

如果想设计限时的游戏，则需要使用倒计时。

【程序5-8】倒计时。

设计程序：新建变量"时间"，设置其初始值为10，开始执行程序后其值不断减小直到变为0。

图5-25 "倒计时"程序

执行程序：单击 ▶ 图标开始执行程序，从10秒开始倒计时，时间变为0时小猫说："时间到！"

图5-26 "倒计时"项目界面

5.4 抛体运动

将物体以一定的初速度向空中抛出，物体仅在重力作用下所做的运动叫作抛体运动。因为重力加速度的缘故，物体下落的速度会越来越快。本节小奥与大家共同研究的自由落体运动和斜抛运动，都属于抛体运动。

5.4.1 自由落体运动

自由落体运动是初速度为 0 的平抛运动。

【程序 5-9】让一只足球做自由落体运动。

新建背景：在背景库中选择"playing-field"作为背景。

图 5-27 "playing-field"背景

新建角色：在角色库中选择"soccer ball"作为"足球"角色，并将其调整至合适大小。

图 5-28 "soccer ball"角色

设计程序：新建一个变量"速度"，将其初始值设为 0。主程序前部分为：足球跟随鼠标指针移动，按下空格键时足球被释放。后部分为："足球"做自由落体运动，速度从 0 开始，每循环一次增加 0.3（注：实际重力加速度 g=9.8m/s^2，但如果速度太快我们会看不清运动过程，为了明显地看出速度的变化，这里将其值改为 0.3），足球运动的路程即 y 轴坐标的减少量，随循环次数的增加而增大，直到球碰到边缘停止循环。

图5-29 "自由落体运动"程序

执行程序：单击 🏁 图标开始执行程序，可看到足球下落的速度越来越快，在碰到底边时停止。

图5-30 "自由落体运动"项目界面

5.4.2 斜抛运动

除了竖直方向上的重力加速度以外,如果水平方向上也有速度就会形成抛物线运动,如果初始速度为斜向上,则为斜抛运动。

【程序 5-10】让一只篮球做斜抛运动。

新建背景:在背景库中选择"basketball-court1-b"作为背景。

图5-31 "basketball-court1-b"背景

新建角色:在角色库中选择"basketball"作为"篮球"角色,并将其调整至合适大小。

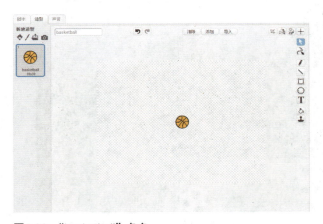

图5-32 "basketball"角色

第 5 章 让你的角色"活"起来

设计程序：与自由落体运动一样，也要新建一个变量"速度"。

主程序分两部分。第一部分为通过键盘控制篮球在竖直方向上移动，即确定初始位置。第二部分为篮球的斜抛运动。

竖直方向：由于篮球是向下运动的，即向 y 轴负方向运动，故将其起始速度设置为 -6，用来控制 y 轴的位置，会先上升再下降；水平方向：在 x 轴方向上速度不变，并且向左（x 轴负方向）运动，故 x 轴的值固定减少 5，篮球不断左移。两个方向的运动共同作用就形成向左的斜抛运动。

图5-33 "斜抛运动"程序

执行程序：单击 ▶ 图标开始执行程序，使用键盘的按键调整好篮球的高度后，按空格键将篮球斜抛出去，其在空中会按照抛物线的轨迹移动。

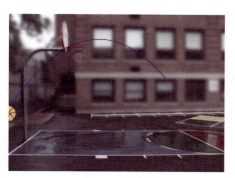

图5-34 "斜抛运动"项目界面

5.5 留下笔迹

在前面的项目界面中经常会看到角色的运动轨迹，这是如何实现的呢？Scratch中的"画笔"模块使每个角色都可以用画笔功能记录下其运动轨迹。此外，"画笔"模块还提供了各种设置画笔的颜色、角度、大小等的积木，用户可以按照自己的需要调整画笔。

【程序5-11】使用上、下、左、右键控制小猫移动，并画出小猫移动的轨迹。

设计程序：首先清空画面，依次设定画笔的颜色和大小后，再落笔；用无限循环结构不断检测上、下、左、右键是否被按下，分别控制x、y轴坐标的增加与减少，画笔会记录下"小猫"角色的移动轨迹。

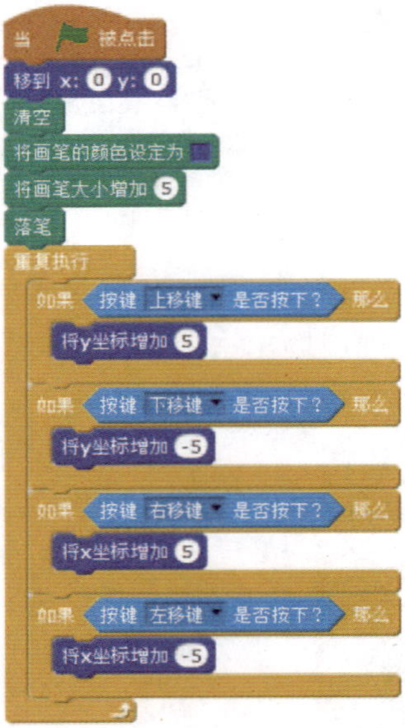

图5-35 "画移动轨迹"程序

执行程序：单击▶图标开始运行程序，用键盘控制小猫移动，可看到其运动轨迹。

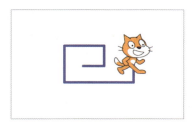

图5-36 "画移动轨迹"项目界面

5.6 添加声音

在项目中添加各种音效或者背景音乐,能增加故事或游戏的趣味性。我们一般通过音乐库、自己录制或从本地文件中上传三种方式来添加声音,并且可以通过声音面板为声音添加各种效果。

5.6.1 播放音频文件

> Scratch 可支持 mp3、wav 两种格式的音频文件。有两块积木可以控制声音的播放,播放声音 喵 积木在声音开始播放后立刻执行下面的程序;播放声音 喵 直到播放完毕 积木则需要等待声音播放完毕才执行下面的程序。如果要停止播放音频文件应使用 停止所有声音 积木。

【程序 5-12】体会采用这两种方式分别循环播放声音的区别,随时按空格键停止所有声音。

新建声音:首先在角色区选中背景,然后在脚本区的声音面板中选择"新建声音"选项,并在音乐库中选择"garden"作为背景音乐。

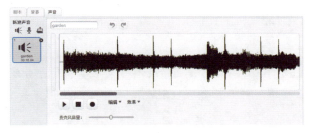

图5-37 选择"garden"作为背景音乐

113

设计程序：按下按键"1"时采用第一种方式直接循环播放声音；按下按键"2"时采用第二种方式播放声音，开始播放后等待一段时间再循环。

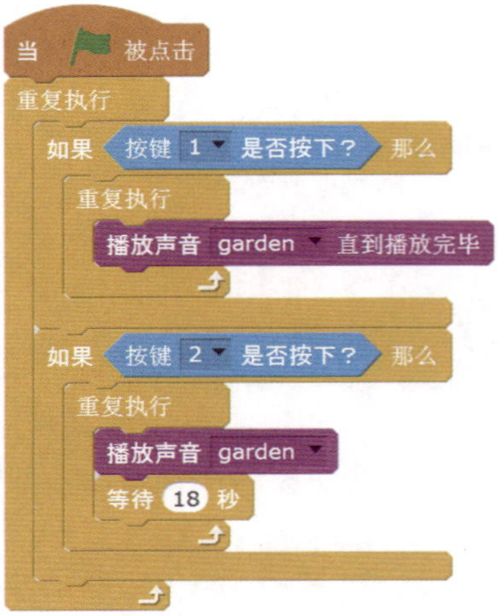

图5-38 "背景音乐"程序

按空格键时，停止播放所有声音。

图5-39 "停止声音"程序

执行程序：单击 ▶ 图标开始执行程序，通过按键切换播放声音的方式，区分它们的不同。

两个程序都可以实现播放完整的声音，按键1的程序虽然简单，但连续播放声音时间隔时间会很短暂，可能导致过渡不自然。使用时大家按实际情况进行调整即可。

当我们设计游戏时，通常会有背景音乐和角色音效两种声音，同时播放这两种声音会比较混乱，此时可以使用声音交叉淡入淡出效果。

第 5 章 让你的角色"活"起来

【程序 5-13】两段声音间的交叉淡入淡出效果。

"小猫"角色程序：被单击时广播"减小音量"，等待一段时间后播放声音，然后广播"增加音量"。

图5-40 "小猫"角色程序

背景程序：循环播放背景音乐，当接收到广播"减小音量"时将音量降低；当接收到广播"增加音量"时将音量增加。

图5-41 背景程序

执行程序：单击 图标开始执行程序，背景音乐循环播放，每次单击角色时，背景声音的音量会在角色发声时自动降低，当角色声音播放完毕后再变为原来的音量。

> 在 Scratch 中，任何角色都可以广播带有名称的消息。广播的消息会发送给项目中的所有角色，当 [当接收到 消息1] 积木中的消息名称和广播消息名称相同时，此积木触发执行。

5.6.2 节拍

> 拍子是一个相对的时间概念，比如当我们规定乐曲的速度为每分钟 60 拍时，每拍占用的时间是 1 秒，半拍是 0.5 秒。在 Scratch 中，默认设定每拍占用的时间为 1 秒。

【程序 5-14】设定节拍为一小节两拍，则可以写出三小节打拍程序。

设计程序：第一小节为 2 个全音符、第二小节为 4 个二分音符、第三小节为 8 个四分音符。

图 5-42 "鼓点节拍"程序

执行程序：单击 ▶ 图标开始执行程序，仔细聆听三种节拍的不同。

5.6.3 弹奏曲调

> 在 Scratch 中，音符用数字表示（0—127），数字和钢琴键盘的琴键一一对应，此外，Scratch 还提供了 18 种鼓声和 21 种乐器的音色。

【程序 5-15】用钢琴弹奏《小星星》的第一小节，并选用不同的鼓伴奏。

第 5 章　让你的角色"活"起来

设计程序：将乐器设定为"1"，即钢琴，通过改变音符及节拍来弹奏曲目；选择不同的鼓声进行伴奏。

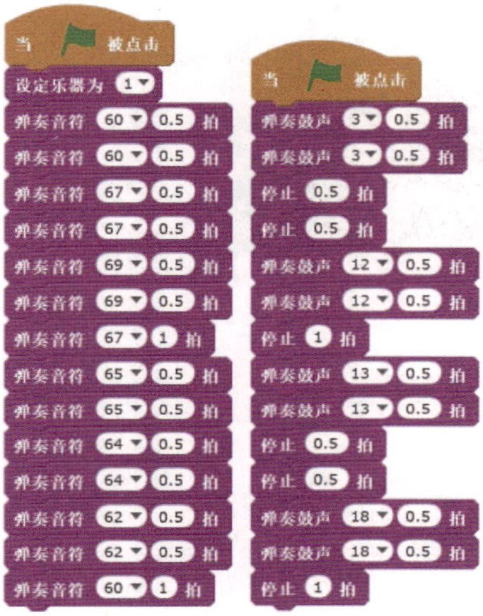

图5-43　"弹奏《小星星》"程序

执行程序：单击 🚩 图标开始执行程序，听到钢琴弹奏的《小星星》曲目。

5.7　过场动画

项目中场景之间的切换可以用一些特效来美化，下面教大家制作"过场动画"。

【程序 5-15】下面来简单制作一个过场动画，在白圆变大与变小的过程中完成场景的切换。

新建背景：新建"city with water"和"city with water 2"两个场景。

新建角色：共有两个角色。

新建"过场"角色：在角色区新建角色中选择绘制新角色，在这里绘制一个白圆。

117

图5-44 新建两个场景

图5-45 "过场"角色

新建"按钮"角色:用来启动过场动画,完成场景切换。从角色库中选取"button1"作为角色。

图5-46 "按钮"角色

第 5 章 让你的角色"活"起来

背景程序：在程序开始时将背景切换为"city with water"，在收到"过场"角色发出的广播"2"时切换为"city with water 2"。

"过场"角色程序：设置其初始大小为 0，并保持隐藏，在收到广播"message1"时移至最上层并显示，然后放大至最大后广播"2"，背景切换，最后缩小再隐藏。

图5-47　背景程序　　　　图5-48　"过场"角色程序

"按钮"角色程序：被单击时发送广播消息"1"。

图5-49　"按钮"角色程序

执行程序：单击 ▶ 图标开始执行程序，单击按钮可看到在"白圆"放大然后缩小的过程中，背景由"city with water"切换为"city with water 2"。

图5-50　"过场动画"项目界面

第 6 章

PicoBoard 传感器板的基础应用

PicoBoard 传感器板集成有滑条电位计、光线传感器、声音传感器、4 个模拟输入接口及按钮，可与 Scratch 互动做出更加生动有趣的项目，需要时还可连接其他传感器。PicoBoard 板作为 Scratch 软件与外界进行交互的实体，能够帮助大家更好地学习 Scratch 软件，我们可以利用其传回的数值进行程序设计，使项目更加有趣。PicoBoard 板支持与 Scratch 2.0 网络版及离线版的连接，本章讲解基于 Scratch 2.0 网络版的 PicoBoard 板的使用方法。

6.1 滑条电位计

改变滑条位置，滑条电位计返回的数值会发生变化。当 PicoBoard 传感器板按图 6-1 所示的方向摆放时，滑条越靠右返回数值越小。

第 6 章　PicoBoard 传感器板的基础应用

图6-1　滑条电位计

【程序 6-1】控制"小猫"角色的大小。

设计程序：利用无限循环，持续将小猫大小与滑条位置实时对应，实现滑动滑条控制小猫大小。

图6-2　"滑条电位计"程序

小贴士

> 使用 PicoBoard 相关积木时，由于传感器实时返回数值，同时程序不断读取数据，所以一般与无限循环结构搭配使用。

执行程序：单击 ▶ 图标开始执行程序，滑动滑条，可观察到"小猫"角色的大小随滑条的滑动而改变。

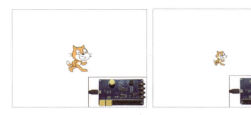

图6-3　"滑条电位计"项目界面

6.2　光线传感器

> 改变照射到光线传感器上的光线强弱，光线传感器的返回数值会发生变化。光线越强（如使用手电等照明工具）则返回数值越大。

图6-4 光线传感器

【程序6-2】通过光线传感器控制能够感知光线强弱的感光小鸭,当光线强时小鸭往前走,并说:"好亮啊!"当光线为普通亮度时小鸭在中间,并说:"嗯,刚刚好!"当光线较弱时小鸭在原地,并说:"好暗啊!"同时背景图片的亮度亦随光线强弱变化。

新建背景:在背景库的"户外"分类中选择"beach malibu"作为背景。

图6-5 "beach malibu"背景

新建角色:在角色库的"动物"分类中选择"duck"作为角色。

图6-6 "duck"角色

第 6 章　PicoBoard 传感器板的基础应用

"小鸭"角色程序：应用公式 x 轴坐标 = 光线传感器的值 ×4−200 计算得出小鸭的 x 轴坐标，当光线传感器的值小于 35 时小鸭说："好暗啊！"当光线传感器值大于等于 35 且小于 65 时小鸭说："嗯，刚刚好！"当光线传感器值大于等于 65 时小鸭说："好亮啊！"

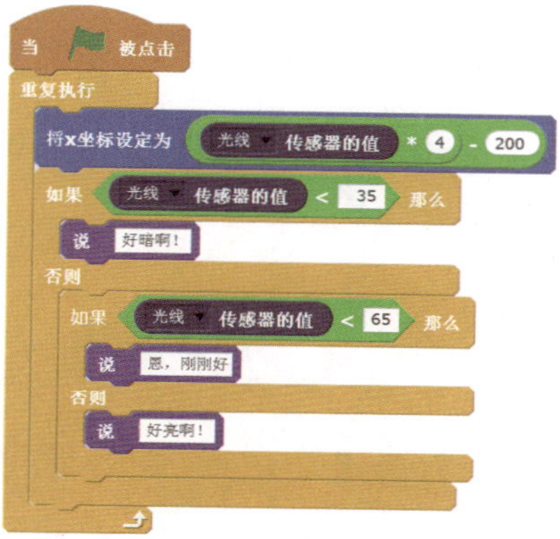

图6-7　"小鸭"角色程序

背景程序：背景图片的亮度随光线传感器值改变，公式为：亮度 = 光线传感器的值 −50。

图6-8　背景程序

执行程序：单击 ▶ 图标开始执行程序，当用手遮住光线传感器时，小鸭在舞台左侧，说"好暗啊！"将手拿走，小鸭说"嗯，刚刚好！"。用手电照光线传感器，小鸭说"好亮啊！"同时背景图片的亮度随之逐渐变亮。

图6-9　"光线传感器"项目界面

123

6.3 声音传感器

声音传感器与光线传感器类似,它通过改变外界声音的大小来控制声音传感器返回数值的大小。声音越大,返回数值越大。

图6-10 声音传感器

【程序6-3】声音大时小猫在空中,声音小时小猫落回地面。

新建背景:在背景库中选择"boardwalk"作为背景。

图6-11 "boardwalk"背景

设计程序:先将小猫移至(0,-65)坐标处,不断检测声音传感器返回的值,当值大于80时,切换造型并将小猫移至(0,30)坐标处,即小猫跳起来;当值小于80时,切换造型并使小猫下落。

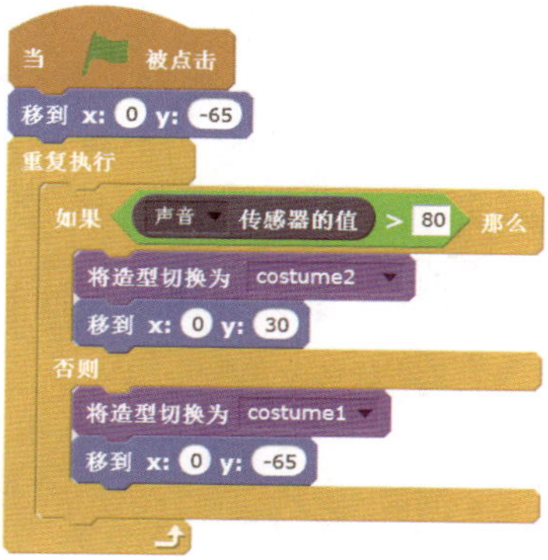

第 6 章 PicoBoard 传感器板的基础应用

图6-12 "声音传感器"程序

执行程序：单击 ![flag] 图标开始执行程序，大声喊时小猫跳起并悬在空中，声音变小后小猫落下来。

图6-13 "声音传感器"项目界面

6.4 模拟输入接口

模拟输入接口共有 A、B、C、D 四个，分别外接四对鳄鱼夹，将鳄鱼夹与待测物体相连，物体导电性能越好返回的数值越大。

图6-14 模拟输入接口

125

【程序 6-4】绘制一个简易的物理电路图，包括电源、灯泡及待测物体。灯泡部分有三个造型：白、黄、灰，程序开始时灯泡为白色。当连接的待测物体为导体时灯泡亮，颜色变为黄色；当连接的待测物体不是导体时灯泡灭，颜色变为灰色。

新建背景：在背景区选择新建背景，并在这里绘制一个简易电路图。

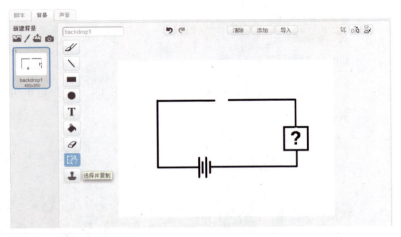

图6-15　绘制简易电路图

新建角色：绘制一个白色的灯泡角色，然后用鼠标右键单击造型缩略图，将其复制两次，分别涂上黄色与灰色。

图6-16　"灯泡"角色的三种造型

第 6 章　PicoBoard 传感器板的基础应用

设计程序：程序开始时"灯泡"角色造型切换为白灯，重复检测传感器 A 的值，当值大于或等于 98 时，切换为黄灯；当值小于 98 时切换为灰灯。

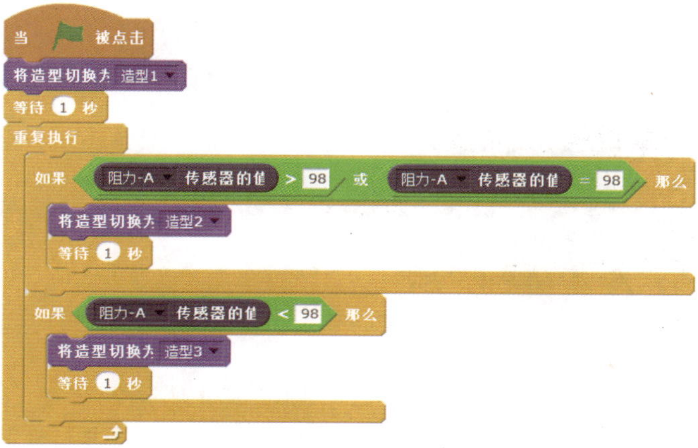

图6-17　"模拟输入接口"程序

执行程序：单击 ▶ 图标开始执行程序，当鳄鱼夹两端接在金属钥匙上时，电路导通，灯泡变为黄色；当鳄鱼夹两端接在布上时，电路不通，灯泡变为灰色。

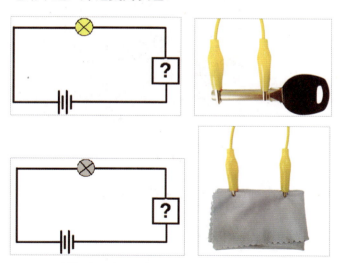

图6-18　"模拟输入接口"项目界面

6.5 按钮

这是唯一返回数值为布尔值的传感器：按钮被按下时返回"真"，按钮未被按下（默认状态）时返回"假"。

图6-19 按钮

【程序6-5】每次按下按钮时，舞者都换一种造型。

新建背景：在背景库中选择"party room"作为背景。

图6-20 "party room"背景

新建角色：选择"1080 Hip-Hop"作为角色，其共包含13种造型。

第 6 章　PicoBoard 传感器板的基础应用

图6-21　"1080 Hip-Hop"角色

设计程序：程序开始时角色造型切换为"1080 stance"，每次按下按钮时，切换为下一个造型。

图6-22　"按钮"程序

执行程序：单击 ▶ 图标开始执行程序，舞者显示为造型 1，每次按下按钮，他都会改变造型（按顺序重复 13 种造型）。

图6-23　"按钮"项目界面

第二部分 笔记

第三部分

项目制作

前面我们学习了 Scratch 的基本操作、基础程序设计，以及如何制作一个完整的项目。在第三部分中，小奥会带领大家制作各类项目，在实践中巩固学过的知识，并且熟练掌握 Scratch 的各种实用技巧。我们会参照"你的第一个 Scratch 项目"的步骤制作每一个项目，所以一定要先仔细阅读 3.5 节的内容。

第 7 章

Scratch 游戏

在本章小奥会带领大家制作许多有趣的游戏，从我们最熟悉的"打地鼠"，到包含众多关卡的"绝地飞行"，每个项目应用多个模块，让大家学会更灵活地运用这些技巧，且各项目互相独立，大家可根据兴趣选择性阅读。

7.1 打地鼠

"打地鼠"是我们童年最爱的游戏之一。当游戏开始时，地鼠会随机从洞中冒出来。玩家用锤子打地鼠的头，使其回到洞中，以增加玩家的分数。这款经典的游戏起源于 1976 年，是由 Creative Engineering 公司的 Aaron Fechter 发明的。此项目使用了"循环""变量"和"广播"积木。图 7-1 为此游戏项目界面，用鼠标控制锤子移动，单击鼠标击打随机出现的地鼠。

第 7 章　Scratch 游戏

图7-1　"打地鼠"项目界面

制作步骤

　　新建背景：首先删除默认背景，在背景库的"户外"分类中选择"desert"背景。

图7-2　"desert"背景

　　然后添加"地洞"。在左侧工具栏中选择"画圆"工具，在左下角的设置处选择"实心圆"选项，再在"desert"背景中绘制七个黑色的圆作为地鼠的"地洞"。

133

图7-3　绘制"地洞"

项目中需要七个"地鼠"角色、一个"锤子"角色和一个"眩晕"效果角色。新建角色前要删除默认角色。

新建"地鼠"角色：在背景库"动物"分类中选择"squirrel"作为第一个角色。运用工具栏中的"选择"工具调整"地鼠"角色的大小，使其适合背景中"地洞"的大小，并将角色名称改为"地鼠1"。

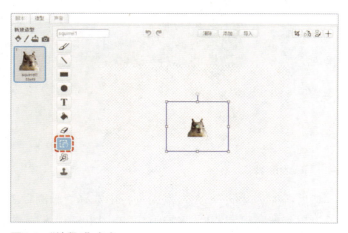

图7-4　"地鼠1"角色

在舞台上将"地鼠1"移动至某个"地洞"中。将角色复制六次，调整它们在舞台上的位置使其在各自的"地洞"中，并依次更改角色名称。

第 7 章　Scratch 游戏

图7-5　七个"地鼠"角色

新建"锤子"角色：在新建角色栏中选择 从本地上传角色，在"game7.1"文件夹中选择"锤子.png"文件，单击"打开"按钮。

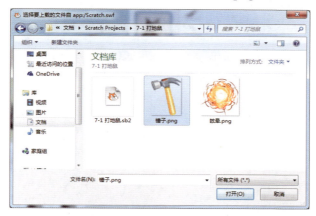

图7-6　上传"锤子"角色

复制"锤子"角色造型，应用"选择"工具旋转第二个造型，作为"锤子击打"造型。

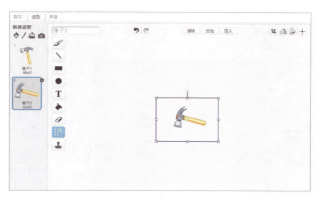

图7-7　"锤子击打"造型

135

新建"眩晕"角色：操作步骤与新建"锤子"角色相同。

图7-8 "眩晕"角色

添加声音：为"眩晕"角色添加音效。

选中"眩晕"角色，在其声音面板中单击 按钮，从声音库中选取声音，在"效果"分类中选择"pop"选项，单击"确定"按钮。

图7-9 "pop"声音

新建变量：在"数据"模块中选择"新建变量"选项，新建三个全局变量"个数""总分""时间"，并选中这三个变量前的复选框，这样舞台中会出现监控器显示各变量的实时数值。

图7-10 三个变量

第 7 章　Scratch 游戏

背景程序：背景主要用于控制变量。游戏开始时，"个数""总分""时间"的初始值均设为 0。在循环结构中，"时间"变量的数值每秒加 1，当时间大于 59 秒时游戏停止；"总分"变量的数值根据打到地鼠的"个数"值和"时间"值计算得出（这里的参数可以按照实际需求改动）。

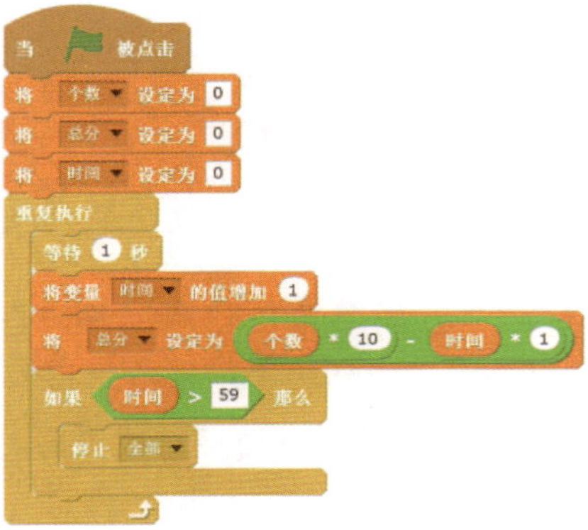

图7-11　背景程序

"地鼠"角色程序：程序开始时角色隐藏，经过随机时间后显示，停留随机时间后消失。当该角色碰到"锤子"时，玩家在同时刻单击鼠标，则此角色消失，同时发出广播消息"火花"。七个"地鼠"角色使用相同的程序，可以单击鼠标右键直接复制程序。

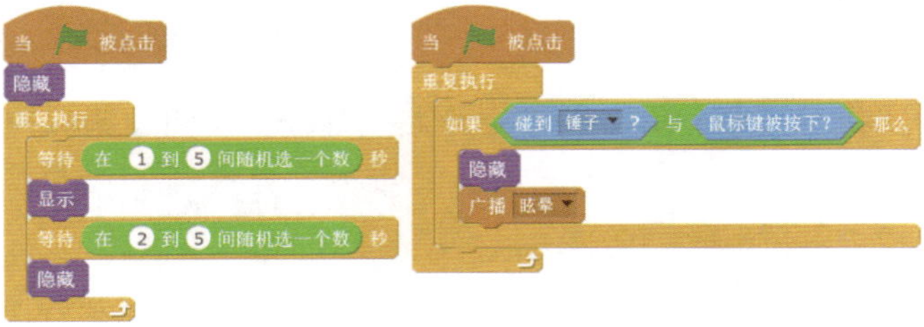

图7-12　"地鼠"程序

思考

如果先在一个角色中设计程序，再将这个角色复制，效果是否一样呢？

"锤子"角色程序：锤子随鼠标指针移动，打中地鼠时切换至"锤子击打"造型，造型间的切换显现出击打的效果。

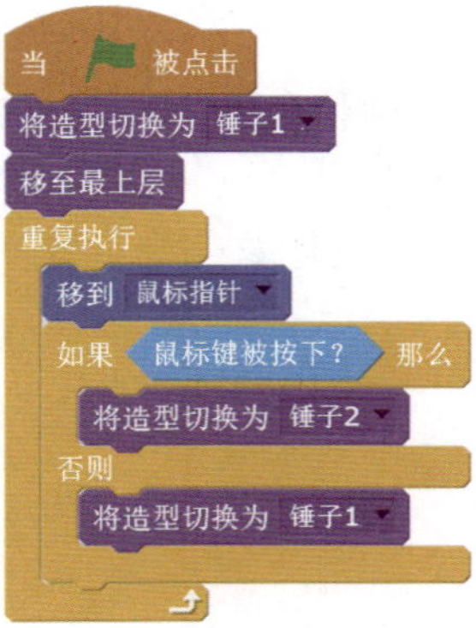

图7-13 "锤子"程序

"眩晕"角色程序：程序开始时角色隐藏，并一直跟随鼠标指针移动。当地鼠被锤子打中时，发送一个广播给"眩晕"角色，"眩晕"角色会显示0.05秒再隐藏。每次成功打到地鼠后，变量"个数"的值加1。

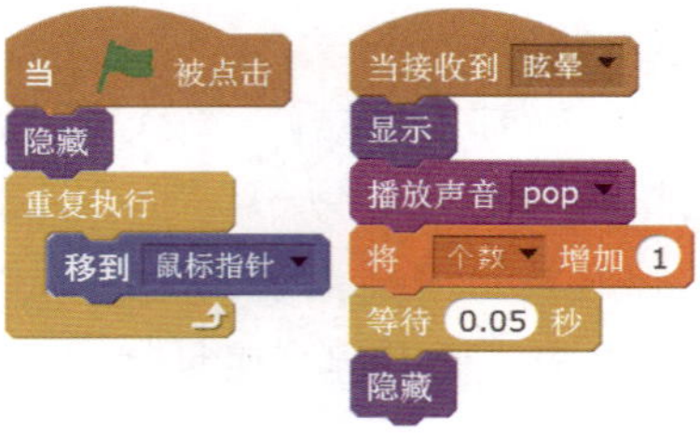

图7-14 "眩晕"程序

执行程序：单击 图标开始执行程序，通过鼠标控制锤子移动，单击鼠标击打地鼠。比一比，看谁得的分数最高吧！

7.2 八音音砖

这是一款音乐类游戏，共有八种不同颜色，分别对应Do、Re、Mi、Fa、Sol、La、Si、Do`八个唱名。此项目使用了"循环""节拍"和"广播"积木。图7-15为此游戏的项目界面，用鼠标控制音砖锤移动，单击鼠标即敲击音砖，可演奏出美妙的音乐。

第 7 章　Scratch 游戏

图7-15　"八音音砖"项目界面

制作步骤

新建背景：删除默认背景，在新建背景栏中选择 从本地上传背景。在"game7.2"文件夹中选择"八音音砖.png"文件，单击"确定"按钮，用"选择"工具将其调整到舞台正中央。

图7-16　"八音音砖"背景

新建"音砖锤"角色：删除默认角色，在新建角色栏中选择 从本地上传角色，在"game7.2"文件夹中选择"音砖锤.png"文件，单击"确定"按钮，用"选择"工具将其调整到大小适中。

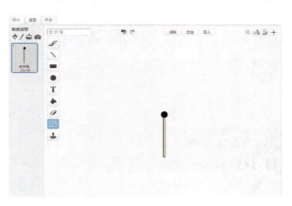

图7-17　"音砖锤"角色

Scratch 编程权威实战指南

设计程序："音砖锤"角色程序分两部分，保持跟随鼠标指针移动的状态；当在不同颜色区域单击鼠标时，弹奏对应的音符 0.5 拍。

图7-18 "音砖锤"程序

小贴士

判断块内颜色的选择方法：单击判断块内的颜色块，将鼠标指针移动至所选的颜色区域后再单击。选择弹奏音符时，可以单击向下三角按钮，在琴键界面选择想弹奏的音符，也可以直接输入数字。C 大调的 Do、Re、Mi、Fa、Sol、La、Si、Do` 对应的数字分别为 60、62、64、65、67、69、71、72。

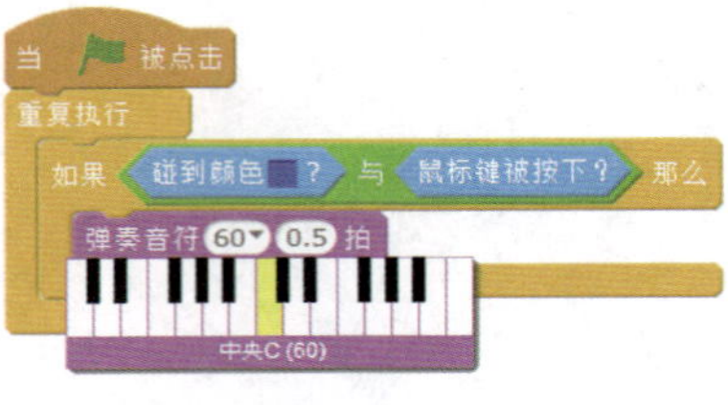

图7-19 "弹奏音符"程序

执行程序：单击 🏁 图标开始执行程序，用音砖锤敲击音砖，可弹奏出简单的歌曲。

7.3 狙击忍者

这是一款类似于 CS 的射击类游戏，忍者在树林中随机飞出，玩家需要将其击杀。此项目使用了"循环""变量""角色随机出现"和"碰到边缘反弹"等积木。图 7-20 为此游戏的项目界面，移动鼠标瞄准忍者，单击鼠标将其击杀。

图7-20 "狙击忍者"项目界面

制作步骤

新建背景：删除默认背景，在背景库"自然"主题中选择"forest"作为背景。

图7-21 "forest"背景

项目共需要"忍者"和"准星"两个角色。新建角色前先删除默认角色。

新建"忍者"角色：在新建角色栏中选择 从本地上传角色，在"game7.3"文件夹中选择"nj1.png"文件，单击"确定"按钮，用"选择"工具调整其大小。然后在角色的造型设计面板中，依次添加剩余五个忍者造型。

图7-22 "忍者"角色

新建"准星"角色：在新建角色栏中选择 从本地上传角色，在"game7.3"文件夹中选择"准星.png"文件，单击"确定"按钮，用"选择"工具调整其大小。

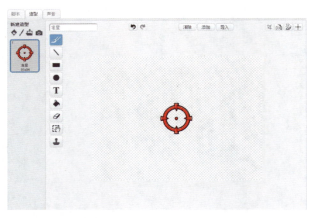

图7-23 "准星"角色

新建变量：在"数据"模块中选择"新建变量"选项，新建一个全局变量"击杀数"，并选中其前面的复选框，这样舞台中会出现监控器显示它的实时数值。

图7-24 变量"击杀数"

"准星"角色程序：跟随鼠标移动，当碰到"忍者"且按下鼠标时，（向"忍者"角色）广播消息"message1"。

图7-25 "准星"角色程序

"忍者"角色程序：在舞台中的随机位置出现，按随机轨迹移动，等待随机时间后隐藏。

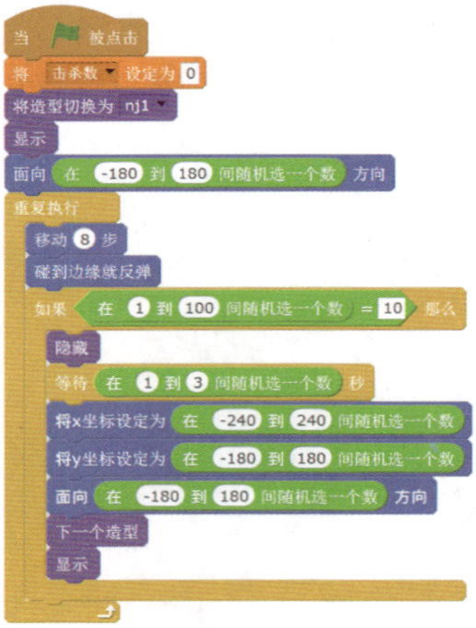

图7-26 "忍者"出现程序

当忍者被击中时变换至下一个造型，变量"击杀数"的值加1。

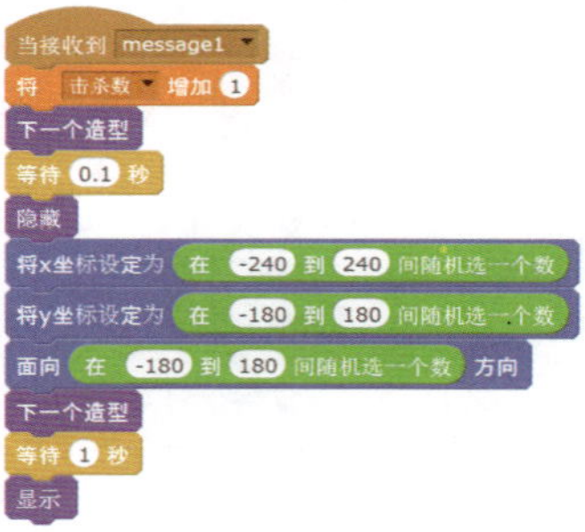

图7-27 "忍者"被击中程序

执行程序：单击 🚩 图标开始执行程序，通过鼠标控制准星移动，单击鼠标击杀忍者。比一比，看谁击杀的忍者最多吧！

7.4 彩票号码生成器

某种彩票的玩法是从0～9中随机抽取一个数字，共抽取五次。我们可以模拟这个过程自己制作一个彩票号码生成器。此项目使用了"变量""广播""随机数的生成"等积木。图7-28为此游戏的项目界面，数字随机出现，单击绿色按钮数字停止变化，从而选出一组号码。

第 7 章　Scratch 游戏

图7-28 "彩票号码生成器"项目界面

制作步骤

新建背景：删除默认背景，在背景库的"假日"主题中选择"sparkling"作为背景，并在其上绘制彩票号码生成器的界面。

图7-29 "sparkling"背景

项目共需要一个"停止按钮"和五个"数字"角色。新建角色前先删除默认角色。

新建"停止按钮"角色：在角色库的"物品"分类中选择"button1"作为角色。

图7-30 "停止按钮"角色

145

新建"数字"角色：在角色库的"字母"分类中选择"0-pixel"作为角色，并将该角色复制四次（注意：由于其程序完全相同，建议编写完程序后再复制角色）。

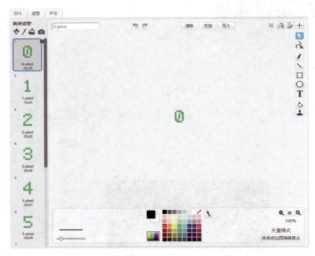

图7-31 "数字"角色

新建变量：我们需要一个可以控制数字变化速度的变量。在"数据"模块中选择"新建变量"选项，新建一个全局变量"time"，并选中其前面的复选框，这样舞台中会出现监控器显示它的实时数值。

图7-32 变量"time"

"停止按钮"角色程序：当角色被单击时，广播"Stop"消息给各个"数字"角色。

第 7 章　Scratch 游戏

图7-33　"停止按钮"角色程序

"数字"角色程序：程序开始时将变量"time"的初始值设为 0，采用随机数生成方式在随机时间切换角色造型，所以每个数字造型切换的速度不同。当接收到"Stop"广播消息时，停止造型的切换。五个数字角色的程序相同，可通过复制实现。

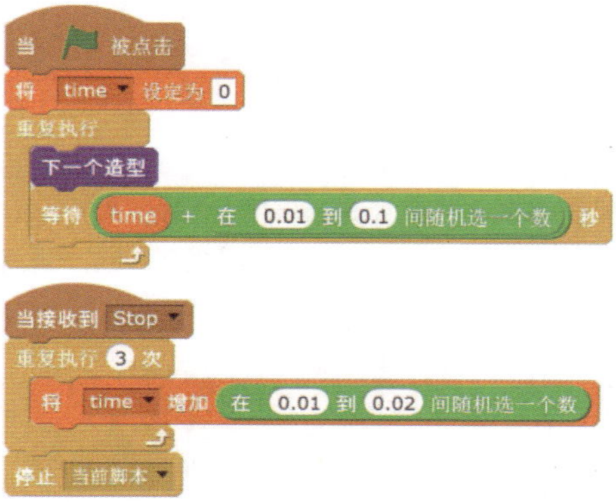

图7-34　"数字"角色程序

执行程序：单击 ▶ 图标开始执行程序，数字不断变化，按"停止"按钮，会选出五个数字。

7.5　绝地飞行

这是一款冒险类小游戏，驾驶员驾驶小飞机穿越地势险峻的绝地，稍有不慎就会坠毁，所以驾驶员一定要集中精力。此项目使用了"变量""键盘控制移动""过场动画"等技术。图 7-35 为此游戏的项目界面，此游戏共五关，每关有不同的地图和航线。我们使用上、下、左、右键控制小飞机沿着白色航线飞行，若驶离航线则失败，需重新闯此关；若闯关成功，则可进入下一关，五关都通过即获胜。

图7-35 "绝地飞行"项目界面

制作步骤

新建背景:删除默认背景。

在新建背景栏中选择 从本地上传背景,在"game7.5"文件夹中选择"img_bg_level_1.jpg"文件,单击"确定"按钮,用"选择"工具将其调整到舞台中部,依次添加"img_bg_level_2.jpg"~"img_bg_level_5.jpg"文件作为背景的其他造型。

在五幅图中分别应用"直线"工具绘制白色航线,注意区分不同级别关卡的难度。绘制完毕后的效果如图7-36所示。

图7-36 "绝地飞行"背景

大家玩过"全民飞行"这个游戏吗?这就是其中的场景。

本游戏共有七个角色，如图 7-37 所示。

图7-37 "绝地飞行"角色区

新建"小飞机"角色：在新建角色栏中选择 从本地上传角色，在"game7.5"文件夹中选择"小飞机.png"文件，单击"确定"按钮，用"选择"工具将其调整至大小适中。

图7-38 "小飞机"角色

新建"主界面"角色：在新建角色栏中选择 从本地上传角色，在"game7.5"文件夹中选择"主界面.jpg"文件，单击"确定"按钮，用"选择"工具将其调整至合适位置。

图7-39 "主界面"角色

新建"开始游戏"角色：在新建角色栏中选择" "从本地上传角色，在"game7.5"文件夹中选择"开始游戏.png"文件，单击"确定"按钮，用"选择"工具将其调整至大小适中。为了实现被单击时有动态的效果，我们将其复制，在造型2中应用"选择"工具将整体上移一小段。

图7-40 "开始游戏"角色

新建"过场"角色：在新建角色栏中选择 ✏ 工具绘制新角色，应用"椭圆"工具绘制白色实心圆作为过场动画。

图7-41 "过场"角色

新建"关卡"角色：在新建角色栏中选择 ✏ 绘制新角色，应用"文本"工具写出"Level 1"，并依次添加造型"Level 2"～"Level 5"。

图7-42 "关卡"角色

新建"获胜"角色：在新建角色栏中选择✎工具绘制新角色，应用"文本"工具写出"You Win"。

图7-43 "获胜"角色

新建"重新开始"角色：在新建角色栏中选择⬆从本地上传角色，在"game7.5"文件夹中选择"重新开始.png"，单击"确定"按钮，用"选择"工具将其调整至大小适中。为了实现被单击时有动态的效果，我们将其复制，在造型2中应用"选择"工具将整体上移一小段。

图7-44 "重新开始"角色

添加声音：在脚本区的声音面板中选择 从本地文件中上传声音，在"game7.5"文件夹中选择"Summer.mp3"，单击"确定"按钮。

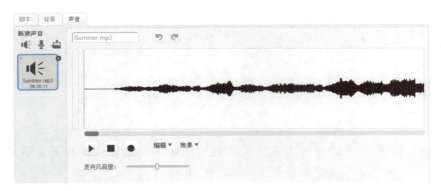

图7-45 "Summer"声音

新建变量：在"数据"模块中选择"新建变量"选项，新建全局变量"死亡次数"和"分数"。

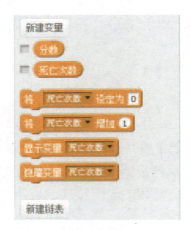

图7-46 新建两个变量

背景程序：游戏开始时隐藏变量"分数"，循环播放声音"Summer"直到播放完毕；当接收到广播消息"1"时，将变量"死亡次数"和"分数"初始化为0，同时将背景切换为第一关的背景；当接收到广播消息"win"时，等待0.5秒后在舞台上显示变量"分数"的值。

图7-47 背景程序

"主界面"角色程序:游戏开始时角色移至舞台中央并显示;当接收到广播消息"1"时角色隐藏;当接收到消息"win"时,将变量"分数"的值增加100,并用其减去"死亡次数×10",得出最终分数,如果变量"分数"的值小于0则记为0,最后在舞台上显示分数。

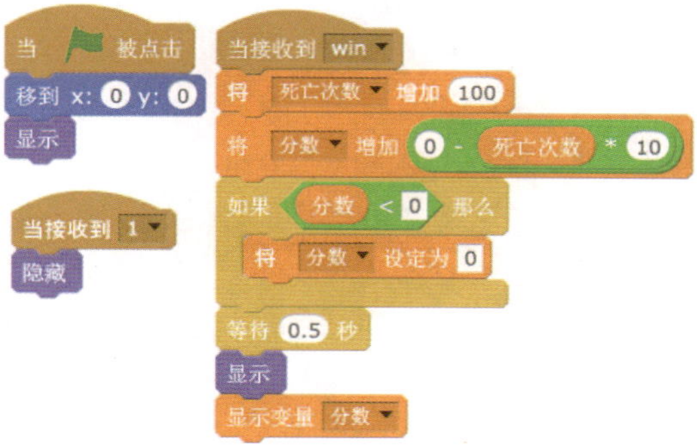

图7-48 "主界面"角色程序

"开始游戏"角色程序:游戏开始时角色移至最上层并显示;碰到鼠标指针时切换至造型2;当角色被单击时发送广播消息"message1";当接收到广播消息"1"时角色隐藏。

图7-49 "开始游戏"角色程序

"过场"角色程序：参考5.7节"过场动画"的制作。游戏开始时将角色大小设定为"0"并隐藏；当接收到广播消息"message1"时，角色移至最上层并显示；在放大与缩小的过程中广播消息"1"。

图7-50 "过场"角色程序

"小飞机"角色程序1：游戏开始时隐藏；当接收到消息"win"时隐藏；当偏离白色航线时角色消失，从本关重新开始，并发送广播消息"run"，同时变量"死亡次数"的值增加1。

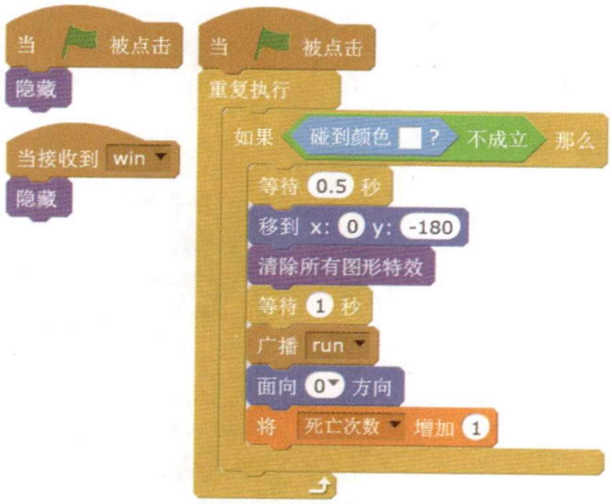

第 7 章　Scratch 游戏

图7-51　"小飞机"角色程序1

"小飞机"角色程序 2：当接收到广播消息"1"时，开始第一关，角色移至底部并广播消息"run"；完成此关，即 y 轴坐标大于175时，广播消息"2"（进入下一关）并停止当前脚本。将此脚本复制，依次更改接收与发送的广播消息的名称，以及切换场景名称。注意，当完成第五关时，广播消息"win"。

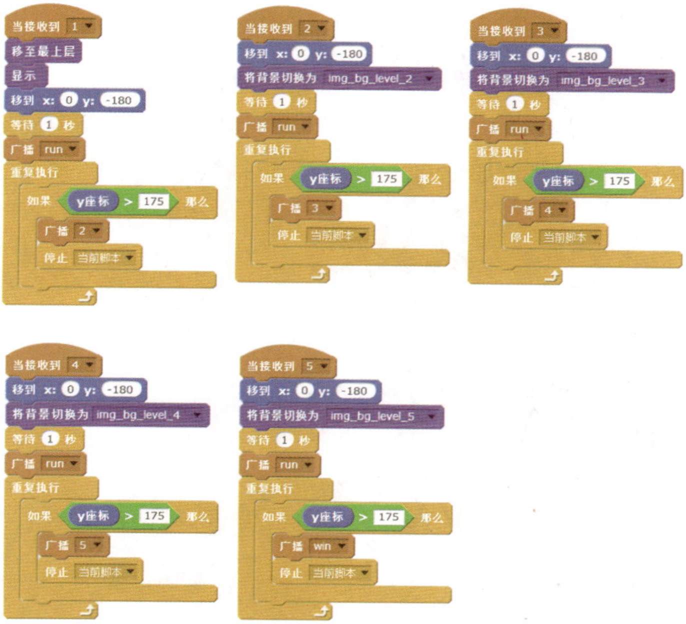

图7-52　"小飞机"角色程序2

"小飞机"角色程序 3：当接收到广播消息"run"时，小飞机开始飞行，应用"键盘控制移动"来控制飞机行进方向；在循环结构内部还有判断是否偏离白色航线的程序，若角色偏离航线则启动淡化效果，并停止当前脚本。

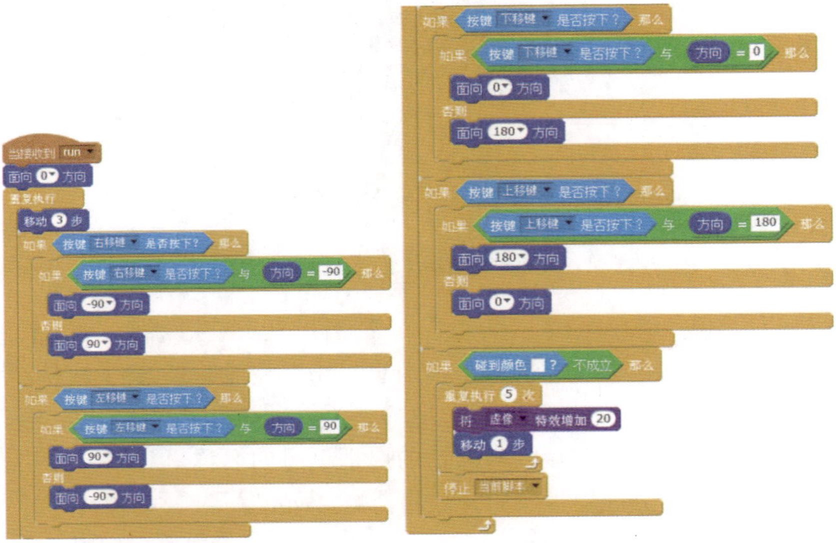

图7-53 "小飞机"角色程序3

"关卡"角色程序：游戏开始时角色隐藏；当接收到广播消息"1"（第一关开始）时显示，在每关开始时都切换为相应的造型，将变量"分数"的值增加100；当接收到广播消息"win"时角色隐藏。

图7-54 "关卡"角色程序

"获胜"角色程序：游戏开始时角色隐藏；当接收到广播消息"1"时隐藏；当接收到广播消息"win"时移至最上层并显示。

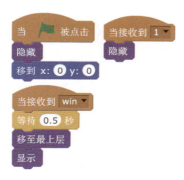

图7-55 "获胜"角色程序

"重新开始"角色程序：与"开始游戏"角色程序基本一致。

图7-56 "重新开始"角色程序

执行程序：单击 ▶ 图标开始执行程序，通过键盘的上、下、左、右键控制小飞机沿着白色航线飞行。快来试一试谁得的分数最高吧！

第 8 章

应用 PicoBoard 板的游戏

本章小奥会带领大家制作应用 PicoBoard 板的游戏，既有单独应用每个传感器的小游戏，也有综合使用各种传感器的经典游戏"植物大战僵尸"的改编版。让我们开动脑筋进行创作吧！

8.1 打砖块

这也是一款经典的小游戏，舞台上有 12 个砖块，当球打到砖块时砖块消失，将所有砖块打完即过关。若未打完所有砖块时，球落在板下的终止线处，则失败。此项目使用了 PicoBoard 滑条电位计和按钮。下图为此游戏项目界面，使用滑块控制挡板左右滑动，反弹下落的球，使球击打到砖块。

第 8 章　应用 PicoBoard 板的游戏

图8-1　"打砖块"项目界面

制作步骤

新建背景：使用"直线"工具，在底部画一条黑色直线作为终止线。

图8-2　"终止线"背景

项目共需要 1 个"球儿"、1 个"板儿"、1 个"过关"、1 个"失败"和 12 个"砖块"角色。新建角色前先删除默认角色。

新建"球儿"角色：在角色库的"运动"主题中选择"ball-a"作为角色。

图8-3　"球儿"角色

159

新建"板儿"角色：在角色库的"物品"分类中选择"板儿"作为角色。

图8-4 "板儿"角色

新建"砖块"角色：在新建角色栏中选择 ![上传] 从本地上传角色，在"game8.1"文件夹中选择"砖块.png"，单击"确定"按钮，用"选择"工具将其调整至大小适中。

图8-5 "砖块"角色

新建"过关"角色：用字母拼出"YOU WIN"字样，作为过关提示。

图8-6 "过关"角色

新建"失败"角色：用字母拼出"FAIL"字样，作为失败提示。

图8-7 "失败"角色

新建变量：在"数据"模块中选择"新建变量"选项，新建一个全局变量"打到砖块的数目"，并选中其前面的复选框，这样舞台中会出现监控器显示它的实时数值。

图8-8 变量"打到砖块的数目"

"球儿"角色程序：游戏开始时初始化角色，令其坐标为 (x,y)= (0,0)，面向180°方向；当 PicoBoard 传感器板的按钮被按下时，球儿开始运动，碰到舞台边缘或板儿时反弹；若碰到黑色的终止线则广播"失败"消息，并停止所有程序；当接收到"过关"/"失败"消息时隐藏。

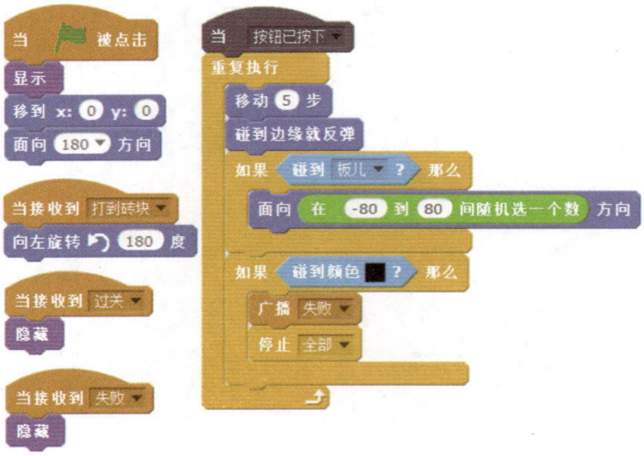

图8-9 "球儿"角色程序

"板儿"角色程序：板儿由 PicoBoard 传感器板的滑块控制，开始时移动至舞台底部中央，即 $(x, y)=(0, -160)$，由于滑杆传感器传回的值在（0, 100），X 轴坐标范围为（-240, 240），若想滑块左右滑动使板儿在舞台底部对应左右滑动，需令其 x 坐标＝滑杆传感器的值 ×4.8-240。

图8-10 "板儿"角色程序

"砖块"角色程序：开始游戏时显示；碰到球儿时广播"打到砖块"消息，同时将变量"打到砖块的数目"的值增加 1。

12 个砖块的程序相同，可以在成功制作一个"砖块"角色后直接复制该角色。

图8-11 "砖块"角色程序

"过关"与"失败"角色程序：两个程序基本相同，开始游戏时隐藏，在接收到广播消息"过关"/"失败"时显示。

图8-12 "过关"/"失败"角色程序

执行程序：单击 ▶ 图标开始执行程序，通过 PicoBoard 的滑块控制舞台下方的板儿，反弹下落的球儿，使球儿击打上方的砖块，将所有砖块打完后出现"YOU WIN"字样；没打完所有砖块时球儿就碰到黑色终止线，则出现"FAIL"字样。

8.2 小太阳

太阳东升西落，这是一种自然现象。此款小游戏可以模拟太阳的升起与落下，以及天色的变化。此项目应用了 PicoBoard 光线传感器。下图为此游戏项目界面，通过光线传感器控制太阳的升起与落下，以及天亮与天黑。光照强度大时，太阳上升同时天变亮，反之则太阳下降且天变黑。

图8-13 "小太阳"项目界面

制作步骤

新建背景：删除默认背景。在背景库的"户外"分类中选择"blue sky"作为背景。

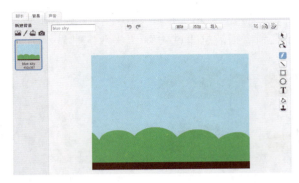

图8-14 "blue sky"背景

新建角色：删除默认角色，在背景库的"太空"主题中选择"sun"作为角色。

图8-15 "sun"角色

新建变量：在"数据"模块中选择"新建变量"选项，新建变量"r""x""y""亮度""角度"，选中变量"亮度"前面的复选框，这样可以实时查看"光线传感器的值"。

图8-16 新建五个变量

背景程序：实时读取"光线传感器的值"的数据，将背景图片的亮度值设为：传感器的值 -50，将"光线传感器的值"的数据赋给变量"亮度"。

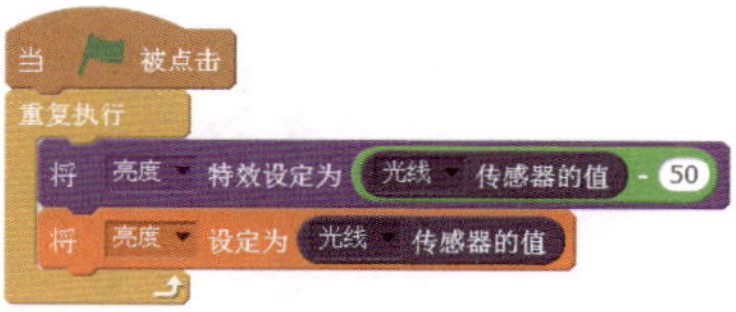

图8-17　背景程序

"sun"角色程序：分为两部分。当"光线传感器的值"的数据大于 30 时，太阳上升，即从舞台左侧沿顺时针方向移动至舞台顶部；当"光线传感器的值"的数据小于 30 时，太阳下落，即从舞台顶部沿顺时针方向移动至舞台右侧。

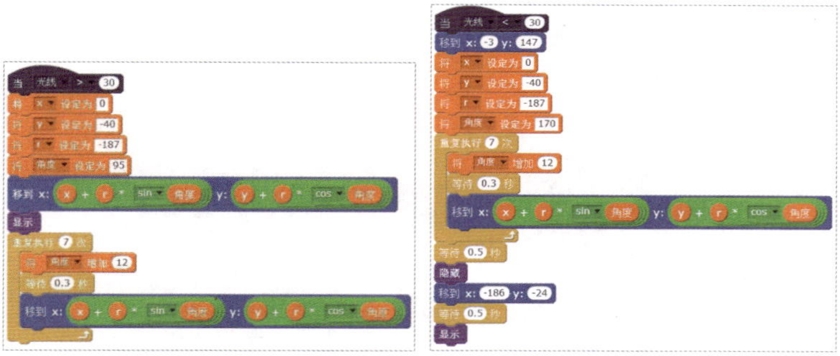

图8-18　"sun"程序

执行程序：单击 ▶ 图标开始执行程序，用手遮住光线传感器时，太阳落下同时天变黑；使用强光照射光线传感器时太阳上升同时天变亮。

8.3　火箭升空

这是一款简单的小游戏，通过喊出的声音的长短来控制火箭升的高度。此项目应用了"场景移动"和 PicoBoard 的声音传感器。下图为此游戏项目界面，向 PicoBoard 传感器板上的声音传感器大声喊，声音大于某一值时火箭升入空中，并不断上升，直到声音停止。

图8-19 "火箭升空"项目界面

制作步骤

新建背景：因为需要用到滚动值来制作移动的背景，所以背景放在角色中制作。

项目共需要一个"火箭"和三个"天空"角色。新建角色前先删除默认角色。

新建"天空1"角色：在新建角色栏中选择 ✎ 工具绘制新角色。绘制天空，并在天空中添加两朵白云。

图8-20 "天空1"角色

以同样的方式新建"天空2"和"天空3"角色。注意，在不同位置画白云。

新建"火箭"角色：在角色库的"太空"主题中选择"spaceship"作为角色，包含飞行时和着陆时的造型。

第 8 章 应用 PicoBoard 板的游戏

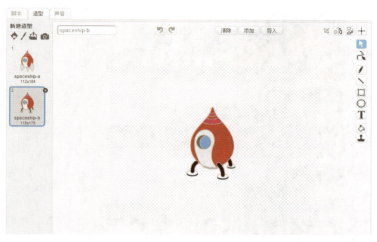

图8-21 "火箭"角色

新增变量：在"数据"模块中选择"新建变量"选项，新建一个全局变量"高度"，选中其前面的复选框，这样舞台中会出现监控器显示它的实时数值。

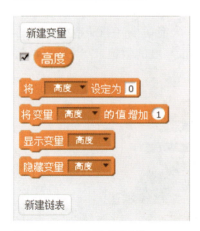

图8-22 新建变量"高度"

"天空"角色程序：参考 5.2 节的"场景移动"，但本游戏需要场景连续滚动。此时应使用"取余"功能块，Y 轴坐标值 = −[(高度 / 720) 的余数] + n × 舞台高度。三个"天空"角色的程序如下。

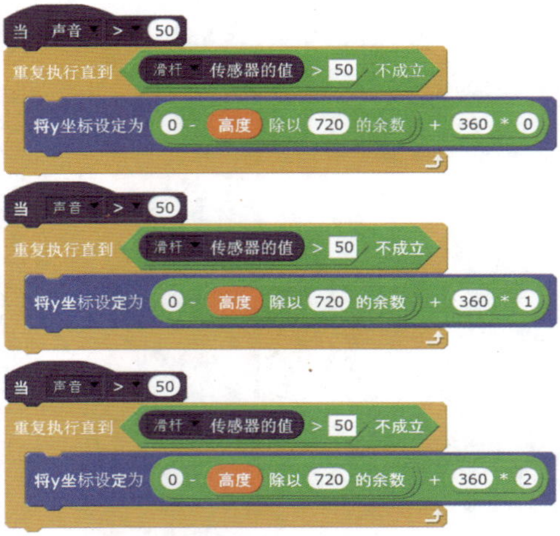

Scratch 编程权威实战指南

图8-23 "天空"角色程序

"火箭"角色程序：开始游戏时将变量"高度"的初始值设为0，将角色移动到舞台下方，并切换为着陆造型；当声音传感器返回值大于50时，火箭造型切换为起飞造型，并在0.5秒内移动至舞台中央，每0.1秒高度的值增加30。当声音传感器返回值小于50时，变量"高度"的值不再增加，火箭切换回着陆造型并移动至舞台下方，持续说"高度＝（此处为变量高度的数值）"5秒钟，再将变量"高度"的值重新设为0。

图8-24 "火箭"角色程序

执行程序：单击 ▶ 图标开始执行程序，向PicoBoard传感器板的声音传感器大声喊，火箭不断上升，停止喊叫时火箭停止上升。小伙伴们可以比一比，看谁的火箭升得高。

8.4 电阻赛跑

这是一款可以比较不同物体导电性的游戏，跑道上有四只小动物，分别对应 4 个模拟输入接口，被测物体电阻值越大，传感器返回值越大，小动物奔跑的速度越小。此项目中应用了 PicoBoard 的模拟输入接口。下图为此游戏项目界面，用鳄鱼夹夹住不同物体，然后开始比赛。

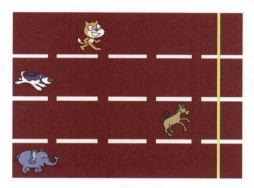

图8-25 "电阻赛跑"项目界面

制作步骤

新建背景：在背景中绘制游戏界面，包括四条跑道及一条黄色终点线。

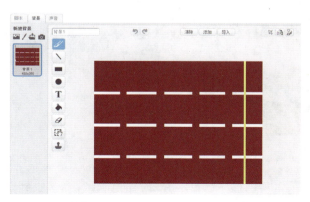

图8-26 "跑道"背景

新建角色：项目共有 5 个角色。

图8-27 添加角色

各小动物角色程序：开始游戏时，各角色位于舞台左侧，x坐标相同，y坐标根据跑道宽度进行调整。各角色奔跑的速度根据各自的电阻传感器传回的数值计算得出，当碰到黄色终点线时广播消息"胜利"，然后将自身放大并移至舞台中央。当角色接收到广播消息"胜利"时未碰到黄色终点线，则停止该角色的脚本。

在此以"小猫"角色程序为例，其他角色需将"阻力-A 传感器的值"更换为各自的传感器名称。

图8-28 "小猫"角色程序

"结果"角色程序：开始游戏时角色隐藏；当接收到广播消息"胜利"时移至最上层并显示。

第 8 章 应用 PicoBoard 板的游戏

图8-29 "结果"角色程序

执行程序：用鳄鱼夹夹住不同物体。

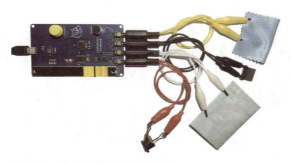

图8-30 "电阻赛跑"游戏实物图

单击 ▶ 图标开始执行程序，游戏运行结果如下图所示：小马跑得最快，说明被测物体 C 的电阻值最小；其次是小猫，即物体 A；物体 B 和 D 不导电。

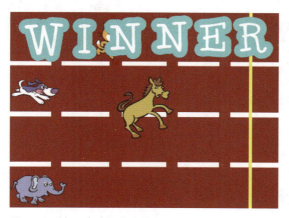

图8-31 "电阻赛跑"游戏结果

171

8.5 植物大战僵尸改版

改编自火爆小游戏"植物大战僵尸"。为了消灭僵尸,并且得到更多分数,我们需要通过控制各种传感器让植物消灭僵尸。此项目中使用了"变量""克隆"及 PicoBoard 板各种传感器。下图为此游戏项目界面,滑杆控制左边的植物上下滑动;声音传感器控制炮弹发射;按钮可切换植物,目前有豌豆射手和大喷菇,豌豆射手射程远但威力小,大喷菇威力大但仅近程有效;光线传感器可控制背景是白天还是夜间,在夜晚消灭僵尸获得的分数为白天获得的分数的两倍。

图8-32 "植物大战僵尸改版"项目界面

制作步骤

新建背景:背景分为"白天"和"夜间"两种,新建背景前先将默认背景删除。

在新建背景栏中选择 ⬆ 从本地上传背景,在"game8.5"文件夹中选择"background0.jpg"作为白天的背景,单击图片,并用"选择"工具进行调整,使其平铺于舞台,再在造型中添加"background1.jpg"作为夜间的背景。

第 8 章　应用 PicoBoard 板的游戏

图8-33　"白天"和"夜间"背景

本游戏共有 6 个角色，我们分别进行添加。

图8-34　"植物大战僵尸改版"角色区

新建"大喷菇"角色：在新建角色栏中选择 从本地上传角色，在"game8.5"文件夹中选择"FumeShroom.png"，单击图片，并用"选择"工具将其调整至大小适中。在造型中添加"FumeShroomAttack.png"作为攻击时的造型。

图8-35　"大喷菇"角色

173

新建"毒气"角色：在新建角色栏中选择 ![]从本地上传角色，在"game8.5"文件夹中选择"毒气.png"，单击图片，然后将其分开为 8 种造型。

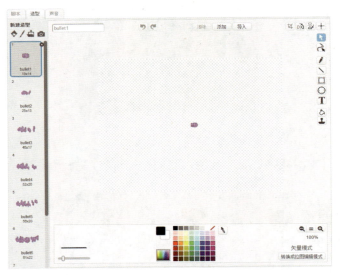

图8-36 "毒气"角色

新建"豌豆射手"角色：在新建角色栏中选择 ![]从本地上传角色，在"game8.5"文件夹中选择"Repeater.png"，单击图片，并用"选择"工具将其调整至大小适中。在造型中添加"Repeater1.png"作为攻击时的造型。

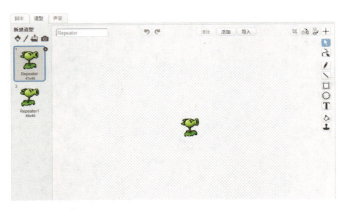

图8-37 "豌豆射手"角色

新建"豌豆"角色：在新建角色栏中选择 ![]从本地上传角色，

在"game8.5"文件夹中选择"豌豆.png",单击图片,并用"选择"工具将其调整至大小适中。

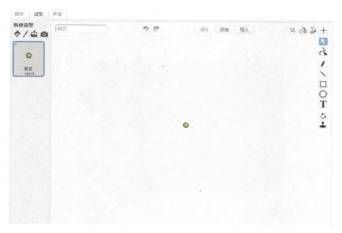

图8-38 "豌豆"角色

新建"僵尸"角色:在新建角色栏中选择 从本地上传角色,在"game8.5"文件夹中选择"Zombie.png",单击图片,并用"选择"工具将其调整至大小适中。在造型中添加"Zombie1.png"作为走路时的造型2,然后复制选型2,再将其旋转作为僵尸被击败时的造型3。

图8-39 "僵尸"角色

新建"结果"角色:在新建角色栏中选择 工具绘制新角色,添加造型"YOU WIN"和"GAME OVER"。

图8-40 "结果"角色

添加声音:在脚本区的声音面板中选择" "从本地文件中上传声音,在"game8.5"文件夹中选择"Zombies on Your Lawn.mp3",单击"确定"按钮。

图8-41 "Zombies on Your Lawn"声音

新建变量:在"数据"模块中选择"新建变量"选项,新建五个全局变量"分数""僵尸数目""当前角色""植物X轴坐标""植物Y轴坐标",选中变量"分数"前面的复选框,这样舞台中就会出现监控器显示它的实时数值。

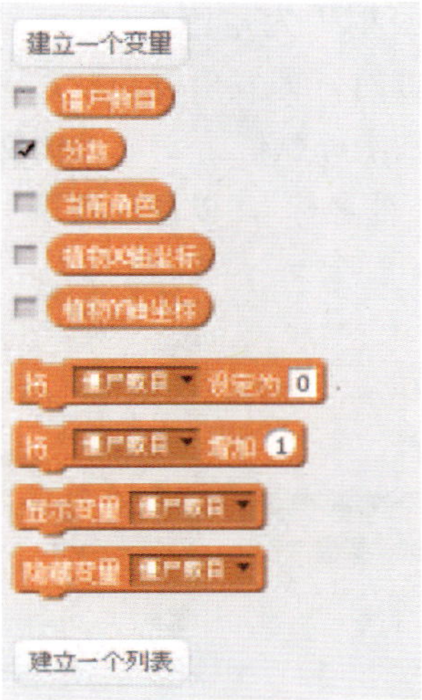

第 8 章　应用 PicoBoard 板的游戏

图8-42　五个变量

背景程序：开始游戏时将变量"分数""当前角色"的初始值设为 0，背景设为白天，将"僵尸数目"设为 5（可根据需要的难度增减僵尸数目）。当"僵尸数目"小于 1 时，广播消息"Win"；当光线传感器返回值大于 10 时，将造型切换为白天，否则为黑夜；PicoBoard 传感器板中的按钮被按下时，植物在豌豆射手和大喷菇之间切换。

声音部分的程序：开始游戏时不断循环播放所添加的游戏音乐，直至游戏结束。

图8-43　背景程序

"豌豆射手"角色程序：豌豆射手为角色 0，其移动通过滑杆来控制；当声音传感器的值大于 50 时，即发射豌豆状态，将造型切换至攻击造型，等待 0.3 秒；将 x 轴坐标赋值给变量"植物 X 轴坐标"，将 y 轴坐标赋值给变量"植物 Y 轴坐标"，以便计算豌豆的位置。

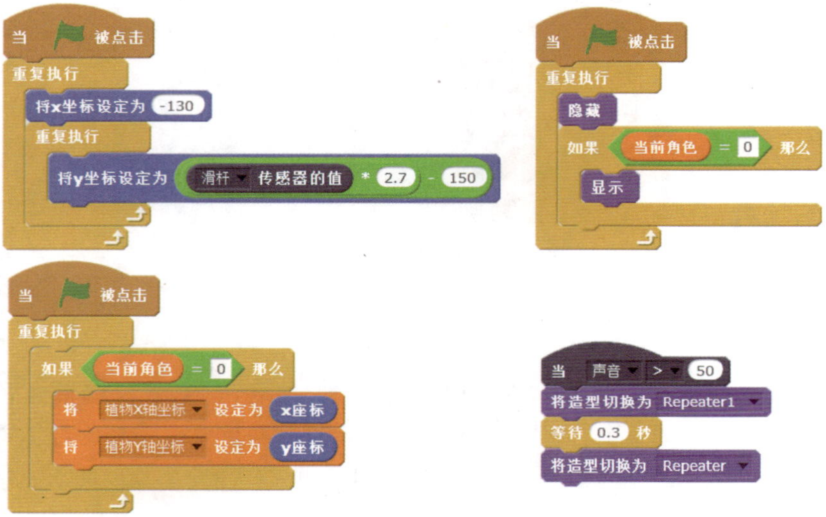

图8-44 "豌豆射手"角色程序

"豌豆"角色程序：当声音传感器的值大于 50 且角色为豌豆时，移动至豌豆射手嘴的坐标（$x+20, y+18$），向右移动至超出舞台范围或打到僵尸。

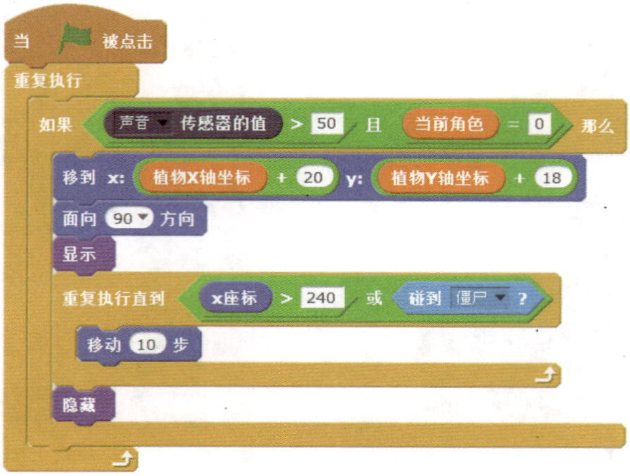

图8-45 "豌豆"程序

第 8 章　应用 PicoBoard 板的游戏

"大喷菇"角色程序：大喷菇为角色 1，其程序基本与"豌豆射手"角色相同。

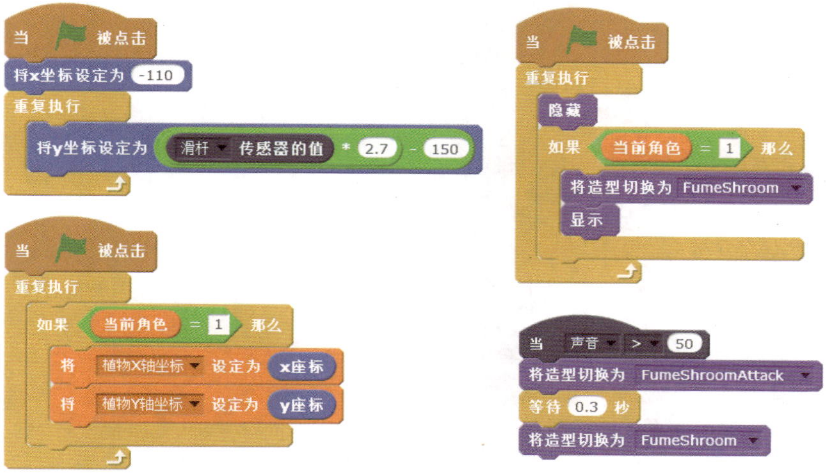

图8-46　"大喷菇"角色程序

"毒气"角色程序：与"豌豆"角色程序类似，但注意有造型的切换。

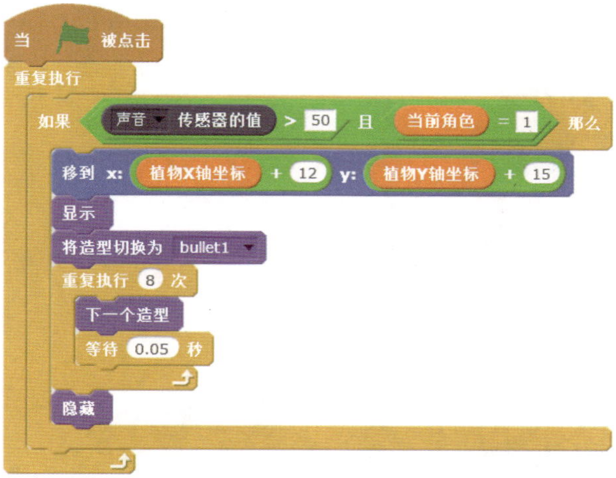

图8-47　"毒气"角色程序

"僵尸"角色程序：新建局部变量"僵尸姿势""僵尸每次移动步数""僵尸血量"。

图8-48 三个局部变量

开始游戏时,初始化僵尸:令其面向 90° 方向,血量值设定为 100,克隆变量"僵尸数目"个数的僵尸,然后将本体隐藏。

图8-49 "僵尸"角色程序1

僵尸作为克隆体启动时,同时执行四个子程序。

初始位置在舞台右侧长方形区域内:x 轴范围为 [-150,120]、y 轴范围为 [-134,+100],在此范围内随机产生,切换走路姿势直到血量小于 0。

每个克隆体僵尸每次走的步数也是随机生成的。

图8-50 "僵尸"角色程序2 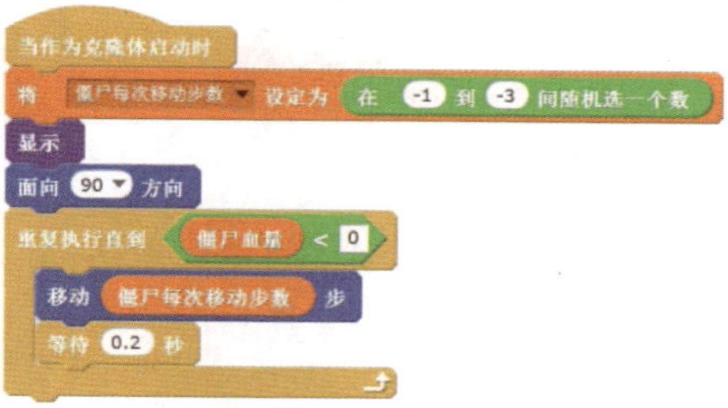　　图8-51 "僵尸"角色程序3

当僵尸被豌豆打到时，僵尸血量值减少 30；当僵尸被毒气打到时，僵尸血量值减少 60；僵尸血量打到僵尸获得的分数小于 0 后切换为 Zombie Die 造型。在夜间打到僵尸所获得的分数是白天的两倍。

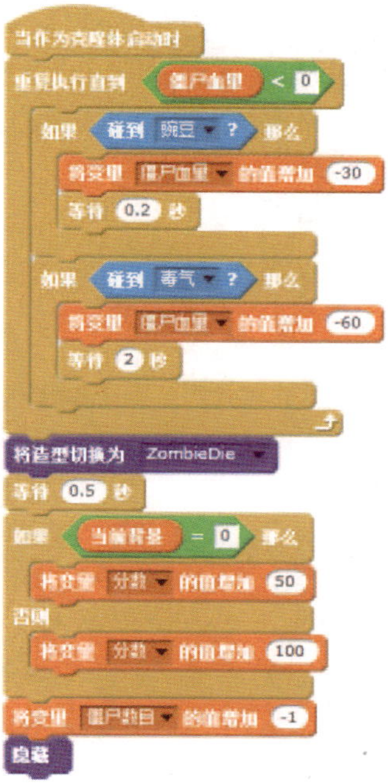

图8-52 "僵尸"角色程序4

当僵尸 x 轴坐标小于 −150 时，即僵尸进入房屋，则游戏结束，发送广播消息"Die"。

图8-53 "僵尸"角色程序5

"结果"角色程序：开始游戏时隐藏；当接收到消息"Win"（"Die"）时切换造型1（2）。

图8-54 "结果"角色程序

执行程序：单击 ▶ 图标开始执行程序，用 PicoBoard 的传感器控制植物消灭一波又一波的僵尸。

第三部分 笔记

第四部分

Scratch和Arduino

前面我们学习了Scratch的程序设计,以及它的硬件扩展板PicoBoard的相关应用,并进行了充分的实践,制作了许多完整的项目。这部分小奥将为大家介绍另一种与Scratch相同功能的软件——S4A(Scratch to Arduino),它是结合了Scratch和Arduino的软件,可以通过Scratch中的积木控制Arduino板的电子电路,发挥软硬件结合的强大功能。

第 9 章

认识 Arduino

Arduino 是由意大利一家高科技设计学校的老师设计的,希望没有电子和编程方面经验的学生,也可以设计出交互科技作品。Arduino 将大部分电路模块化,那些没有相关学科的知识背景的人只要懂得简单的电子及机械原理,再加上创意,就可以制作出各式各样的创新作品。例如,可以在 Arduino 板上扩展 LED 灯、开关及各类传感器。

9.1 认识Arduino控制板

Arduino 控制板有很多种,如 Arduino UNO、Arduino Leonardo、Arduino M0 Pro 等,本书使用的是 Arduino 中国代理商奥松机器人提供的 Arduino UNO R3 控制器。CarDuino UNO 兼容 Arduino UNO 控制器,其处理器核心是 ATmega328,通过 USB 口进行数据传输,具有两个 16MHz 石英晶体振荡器,D0 ~ D13 共 14 路数字输入/输出引脚(其中 6 路可作为 PWM 输出),A0 ~ A5 共 6 路模拟输入引脚。

图9-1　Arduino UNO控制板

为了更方便地将传感器连接在 Arduino 控制板上，我们使用 XBee Sensor Shield 传感器扩展板，此款扩展板兼容 Arduino UNO、Arduino Leonardo 及 Arduino M0 Pro 等控制器，其数字与模拟接口以舵机线序扩展出来。另外，还设有 IIC 接口、32 路舵机控制器接口（D0、D1）、蓝牙模块通信接口、TF 卡模块通信接口、APC220 无线射频模块通信接口、LCD12864 串行接口。

> 使用扩展板可以简化烦琐的电路连线，传感器模块的接口通常为 3P 接口，即 VCC、GND、信号（符号为：+、-、S），所以我们只需使用通用的 3P 线连接传感器模块和控制板即可。

图9-2　XBee Sensor Shield扩展板

9.2　Arduino软件及驱动程序

> 如何将 Arduino 与我们的计算机连接上呢？我们需要安装 Arduino 的相关软件，默认计算机的操作系统为 Windows 7。

第 9 章 认识 Arduino

（1）在浏览器中输入网址 http://www.arduino.org/software（最新版软件可以从 https://www.arduino.cc/en/Main/Software 下载），直接进入 Arduino 官方网站软件下载界面，单击 Windows 版本的 Arduino 软件下载链接"Installer"，即可进入下载页面。

图9-3　Arduino官方网站软件下载界面

（2）打开安装包，单击"I Agree"按钮。

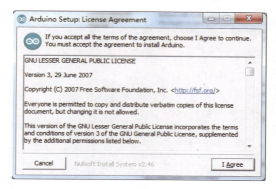

图9-4　Arduino IDE许可协议

软件默认全部选中，直接单击"Next"按钮。

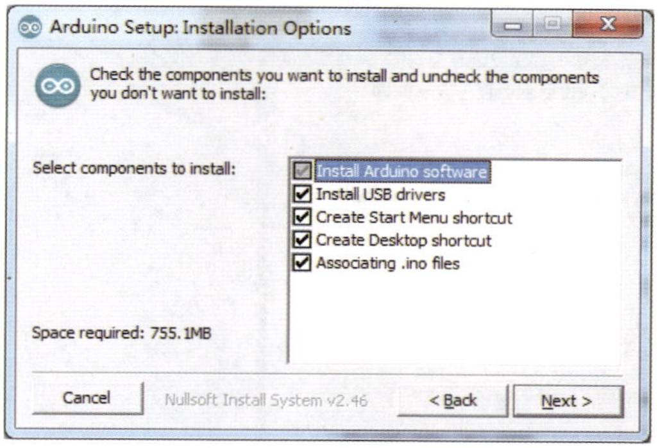

图9-5　Arduino IDE安装选项

选择安装路径，单击"Install"按钮进行安装。

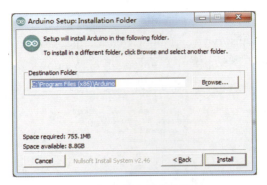

图9-6　Arduino IDE安装文件夹选项

在安装快结束时会显示驱动程序安装向导，单击"下一步"按钮安装驱动。

图9-7　Arduino驱动安装向导

在安装过程中弹出的各种驱动安装的对话框，都选择进行安装，几分钟后驱动程序安装成功。

图9-8　Arduino驱动程序安装成功

第 9 章 认识 Arduino

驱动安装完毕后，还会提示安装 Atmel USB Driver Package，默认安装即可。

图9-9　Atmel USB驱动安装

返回 Arduino IDE 软件的安装界面，单击"Close"按钮完成安装。

图9-10　Arduino IDE安装完成

（3）双击桌面的图标，打开 Arduino IDE。

图9-11　Arduino开发软件界面

189

9.3　连接Arduino板与PC

下面我们将Arduino板与计算机相连接，实现互相通信。

将UNO板通过USB连接线与计算机相连。正常情况下，安装成功后会显示出UNO板连接到的COM端口号，显示当前连接的端口号为COM4。同时，通电后，控制器的电源指示灯（绿色）亮起。

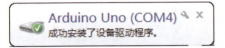

图9-12　Arduino板与PC连接

我们也可以在"控制面板—设备管理器—端口"处确认连接的端口号。

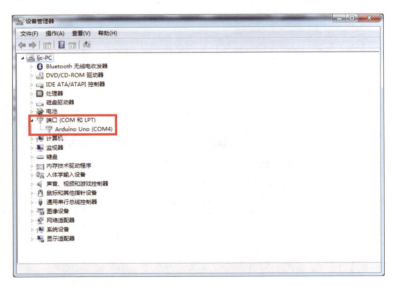

图9-13　确认连接端口号

如果提示驱动安装存在问题，那么进入"设备管理器"窗口，找到有问题驱动的硬件设备，单击鼠标右键选择"更新驱动程序软件(P)…"→"浏览计算机以查找驱动程序软件(R)"选项，再单击"浏览(R)…"按钮，定位到Arduino安装路径中的"drivers"，再单击"下一步"按钮进行确认。

第 10 章

认识 S4A

Scratch 在硬件扩展方面支持 PicoBoard、LEGO WeDo，但并不支持 Arduino，为了更好地让 Scratch 与 Arduino 硬件相结合，西班牙的社会及数字创新中心（Citilab）开发出一款名称为 Scratch for Arduino 的编程软件，简称 S4A。

10.1 S4A 离线版

虽然 S4A 是为连接 Arduino 与 Scratch 而开发的，但是没有 Arduino 硬件 S4A 也可以正常运行。下面我们以 Windows7 系统为例，讲解如何安装 S4A 离线版。

（1）在浏览器中输入网址 http://s4a.cat/，进入 S4A 官方网站，选择"Downloads"选项进入下载页面。

图10-1　S4A官方网站

在下载页面中的"Installing S4A into your computer"区域，有各类系统专用的软件安装包，单击 Windows 版本的 S4A 软件下载链接，下载文件名为"S4A16.zip"的安装包。

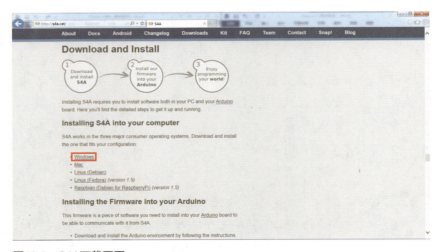

图10-2　S4A下载页面

（2）解压"S4A16.zip"文件得到安装文件"S4A16.exe"，双击此文件开始安装，单击"Next"按钮进入下一步。

第 10 章　认识 S4A

图10-3　开始安装

选择"I accept the agreement"单选按钮，单击"Next"按钮继续安装。

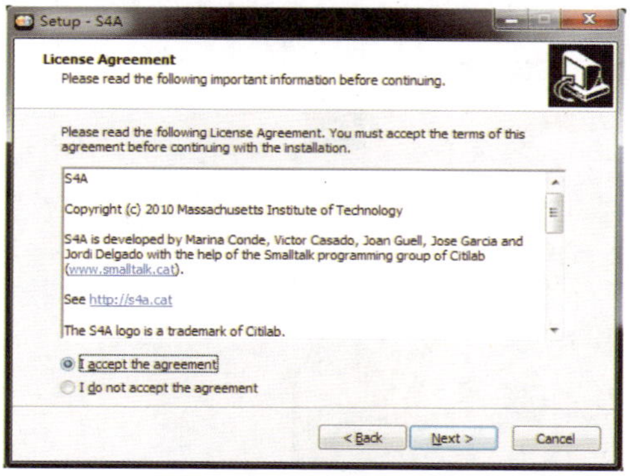

图10-4　接受协议

选择安装路径，默认安装路径为：C:\Program Files(x86)\S4A，单击"Next"按钮继续。

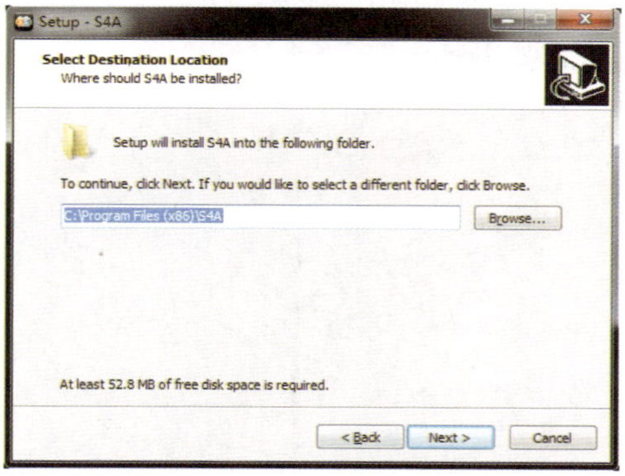

图10-5　安装路径

193

在创建快捷方式页面选中"Create a desktop icon"复选框。

图10-6　选中"Create a desktop icon"复选框

基本设置完成，单击"Install"按钮开始安装软件。

图10-7　开始安装

默认选中"Launch S4A"复选框是指安装完成后立即运行 S4A 软件（也可不选中此复选框）。单击"Finish"按钮确认完成。

图10-8　完成安装

（3）我们可以发现，S4A 软件界面与 Scratch1.4 版本基本一致，与 Scratch1.4 不同的是，在新建的项目中，S4A 的默认角色为一个 Arduino 板。

小贴士

> S4A 1.6 版的存档文件格式为"*.sb"。S4A 可以打开 Scratch 1.4 的存档（Scratch1.4 不能打开 S4A 的存档），但无法打开 Scratch 2.0 的格式为"*.sb2"的存档。

由于目前计算机并未连接 Arduino 板，因此舞台区会一直显示"正在搜索 Arduino 板"。

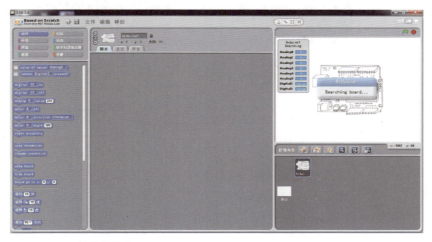

图10-9　S4A软件操作界面

如果项目中不需要 Arduino 板，可将 Arduino 板角色删除：用鼠标右键单击 Arduino 板角色，在弹出的菜单中选择"删除"按钮。

图10-10　删除Arduino板角色

10.2 连接Arduino与S4A

要想实现使用 S4A 的程序控制 Arduino 板，需要先将 S4A 的硬件程序"S4AFirmware16.ino"上传至 Arduino 控制板，再打开 S4A 与 Arduino 板连接，然后两者才能进行通信。

（1）在浏览器中输入网址 http://s4a.cat/，进入 S4A 官方网站，选择"Downloads"选项进入下载页面。

图10-11　S4A官方网站

在下载页面中找到"Installing the Firmware into your Arduino"标题，用鼠标右键单击其下方的"here"，选择"目标另存为"选项。

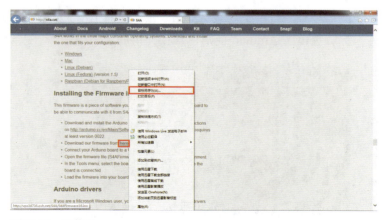

图10-12　下载Firmware

第 10 章　认识 S4A

更改下载文件名为"S4AFirmware16.ino"。

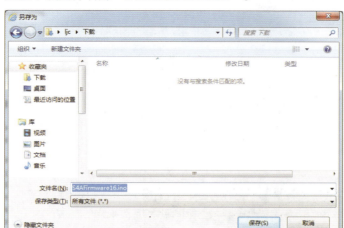

图10-13　更改文件名并保存

（2）打开 Arduino IDE，将 Arduino 板通过 USB 连接线与电脑相连。选择"文件"→"打开"选项，再打开"S4AFirmware16.ino"文件。

图10-14　打开"S4AFirmware16.ino"文件

第一次打开文件时，会询问"是否创建'S4AFirmware16'文件夹，并将'S4AFirmware16.ino'文件放在此目录下？"单击"好"按钮。

图10-15　新建S4AFirmware16目录

将程序上传至 Arduino 板前要确认控制板的相关设定正确，选择"工具"→"板"→"Arduino Uno"选项。

图10-16　选择相应的板

第 10 章 认识 S4A

确认开发板选择正确后，选择"工具"→"端口"→"COM4（Arduino Uno）"选项。

图10-17 选择相应端口

单击 按钮，将程序上传至 UNO 控制板。

图10-18 上传程序

程序上传成功后会在 Arduino IDE 下方的日志中看到"上传成功"的提示，同时，在日志中会显示程序的大小及占用存储空间等相关信息。

图10-19　上传成功

（3）打开 S4A 软件，若舞台区的监控器中数值不为 0，则表示 Arduino 板与 S4A 连接成功。

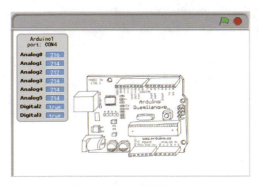

图10-20　S4A与Arduino板连接成功

注意：一定要在 Arduino 程序上传成功后再打开 S4A 软件，否则上传 Arduino 程序时系统会报错。

10.3　S4A基础应用

进入 S4A 离线版,其操作界面主要分为四部分:工具栏、脚本区、舞台区、角色区。

> 由于 S4A 软件与 Scratch1.4 版本操作界面相似,因此我们主要介绍其与 Scratch 的不同之处。

脚本区:除了 Scratch1.4 中的指令外,还提供了一些 Arduino 板的专属积木。

舞台区:显示现已连接的 Arduino 板,监控器会实时显示 Arduino 控制板的各 I/O 口输入值。

角色区:默认角色为一个 Arduino 板,只有在选择该角色时,脚本区才会出现 Arduino 板的专属积木。

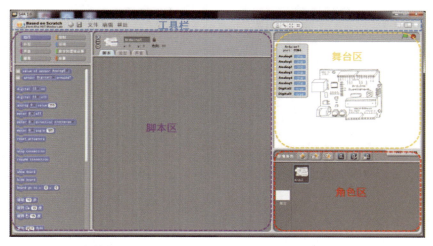

图10-21　S4A操作界面

> Arduino 专属的指令积木是根据 Arduino 的各个传感器设计的,S4A 提供 6 个模拟输入端和 2 个数字输入端,4 个可以设定为高电平或低电平数字输出端,3 个可以设定 PWM 输出电压数字输出端,2 个可以控制马达连续正转或反转马达输出端,1 个可以控制马达转动指定的角度马达输出端。各积木功能与引脚如表 10-1 所示。

201

表10-1　S4A的输入/输出指令

指令	功能	引脚
`value of sensor Analog0`	读取A0～A5模拟输入端，传回数值为0～1023，分别代表0～5V	A0～A5
`sensor Digital2 pressed?`	读取D2、D3数字输入端，传回布尔值true/false，分别代表高电平（5V）和低电平（0V）	D2、D3
`digital 13 on`	设定D10～D13端为高电平（5V）	D10～D13
`digital 13 off`	设定D10～D13端为低电平（0V）	D10～D13
`analog 9 value 255`	设定PWM端电压。数值n为0～225代表0～5V	D5、D6、D9
`motor 8 off`	关闭马达	D4、D7
`motor 8 direction clockwise`	设定马达正转/反转	D4、D7
`motor 8 angle 180`	设定马达转动指定角度	D8
`reset actuators`	重置	
`stop connection`	停止连接	
`resume connection`	重新连接	
`show board`	显示监控器	
`hide board`	隐藏监控器	
`board go to x: 0 y: 0`	将监控器移动至指定位置	

第 11 章

S4A 项目制作

前面两章我们认识了 Arduino 控制板和 S4A 软件,并且成功搭建了应用 Arduino 的 S4A 开发环境。在本章小奥会带领大家制作完整的 S4A 项目,有的项目需要我们修改 Arduino 的硬件配置文件、修改 S4A 的配置文件以及连接传感器硬件。

11.1 大白健康助理

可爱又贴心的"大白"深受各年龄段人群的喜爱,这款游戏为大家设计了一个能为主人计算体质指数的"大白"。此项目使用了 S4A 控制触摸传感器。下图为此游戏项目界面,触摸传感器唤醒"大白",然后在输入框中输入你的身高、体重等信息,"大白"就会告诉你你的 BMI 体质指数。快来看一看你的体质指数是否达标吧!

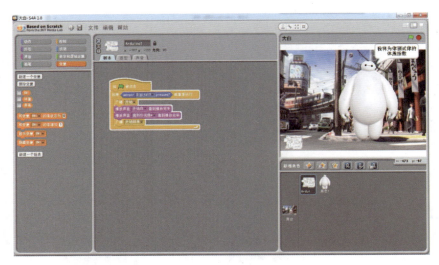

图11-1 "大白健康助理"项目界面

制作步骤

（1）使用 3P 线连接触摸传感器与 CarDuino UNO 控制板：传感器的信号端与控制板的引脚 3 相连；传感器的电源端和地端分别与控制板的电源和地相连，即 3P 线的黄、红、黑与传感器的 S、+、- 对应。

图11-2 连接传感器与控制板

（2）连接控制板与计算机，将 Arduino 程序上传至控制板。

第 11 章　S4A 项目制作

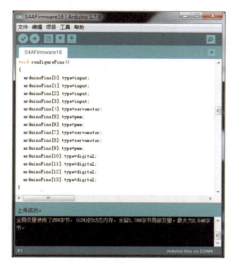

图11-3　上传Arduino程序

（3）打开 S4A 软件，若舞台的监控器中的值不断变化，表示传感器连接成功。

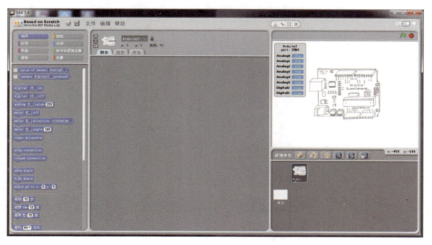

图11-4　连接成功

新建背景：在角色区选择"舞台"，在脚本区的"多个背景"标签中选择 导入 从本地上传背景，在"game11.1"文件夹中选择"大白背景.bmp"作为背景，然后用鼠标右键单击监视器将其"隐藏"。将"Arduino1"角色缩小，并放置在左下角。将预设的白色背景1删除。

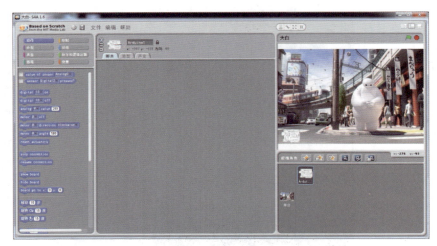

图11-5 大白背景

新建角色：单击角色区的 按钮从本地上传角色，在"game11.1"文件夹中选择"大白.png"作为"大白"角色。

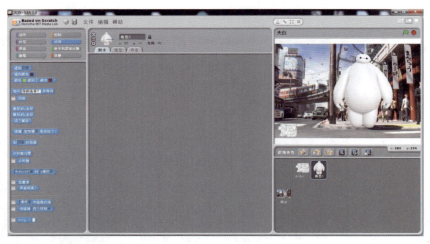

图11-6 "大白"角色

添加声音：给"Arduino1"和"大白"角色添加声音。

"Arduino1"角色声音：在角色区选择"Arduino1"角色，在脚本区的"声音"标签中选择 导入 从本地导入声音，在"game11.1"文件夹中选择音频文件"开场白.mp3"和"直到你说…….mp3"，单击"确定"按钮。

第 11 章　S4A 项目制作

图11-7　"Arduino"角色声音

"大白"角色声音：在角色区选择"大白"角色，在脚本区的"声音"标签中选择 导入 从本地导入声音，在"game11.1"文件夹中选择音频文件"Hiro，我永远都会陪着你.mp3"和"大白Balalala.mp3"，单击"确定"按钮。

图11-8　"大白"角色声音

新建变量：新建三个变量"身高""体重""BMI"。

"Arduino1"角色程序：触摸传感器的信号端与CarDuino UNO引脚3相连，当手指接触到传感器时，相当于按下按钮。当检测到引脚3被按下时，（向其他角色）广播消息"开场"，然后播放大白自我介绍的两段声音，最后广播"开场结束"。

图11-9　Arduino1角色程序

"大白"角色程序：当接收到广播"开场"时，说三句话；当接收到广播"开场结束"时，询问身高和体重，并分别将得到的回答赋值给相应变量；根据公式：BMI=体重/（身高×身高），计算得出BMI值，并判断体重为"过轻""正常"或"过重"，再给出相应建议。

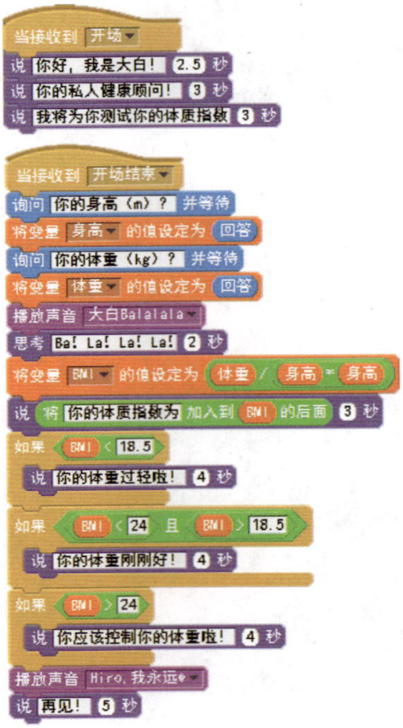

图11-10　大白角色程序

执行程序：单击 ▶ 图标开始执行程序，用手触摸传感器，大白开始自我介绍并提出问题，按要求在输入框中输入身高、体重，大白会计算出你的BMI体质指数并给出建议。

11.2　儿童防近视监控器

近年来，儿童近视比例逐年升高，防近视监控器能检测儿童与显示器的距离，小于安全距离时就会发出警报。此项目使用S4A控制超声波测距模块，并且需要修改Arduino相关程序。下图为此游戏项目界面，当人与显示器距离小于30cm时，监控器会发出警报。

图11-11 "儿童防近视监控器"项目界面

制作步骤

(1)本项目中使用的超声波传感器型号为"RB URF02",使用 4P 杜邦线连接超声波传感器与 Arduino UNO 控制板:传感器的信号输入端(橙)、信号输出端(黄)分别与扩展板的引脚 10(橙)、引脚 11(黄)相连,传感器的电源端和地端分别与扩展板的电源和地相连。

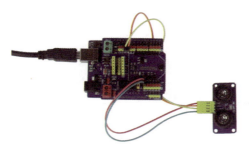

图11-12 连接传感器与控制板

(2)连接控制板与计算机,由于"S4AFirmware16.ino"程序(S4A 软件自带的 Arduino 硬件程序)不能实现本项目超声波传感器测距的功能,现按照如下程序修改相关部分的 Arduino 程序。

首先在程序的第 43 行加入一些基础参数定义:信号发送/接收引脚号、预设安全距离等。

```
43    const int TrigPin = 10;// 发送引脚
44    const int EchoPin = 11;// 接收引脚
45    const int Th = 30;// 预设安全距离
46
47    int cm = 0;
48    bool state;
```

然后将原程序的第 65 ～ 77 行更改为第 72 ～ 106 行，即更改超声波测距主算法子函数 loop()。其主要功能为：将回波时间换算成距离，判断该距离与警告距离的大小关系。

```
72    void loop()
73    {
74        digitalWrite(TrigPin, LOW); //低高低电平发一个短时间脉冲去 TrigPin
75        delayMicroseconds(2);
76        digitalWrite(TrigPin, HIGH);
77        delayMicroseconds(10);
78        digitalWrite(TrigPin, LOW);
79
80        cm = pulseIn(EchoPin, HIGH) / 58.0; //将回波时间换算成 cm
81        cm = (int(cm * 100.0)) / 100.0; //保留两位小数
82        if ( cm <=0 )
83        {
84          cm = 50;
85        }
86        if ( cm >= Th )
87        {
88          state = false;
89        }
90        else
91        {
92          state = true;
93        }
94        delay(100);
95
96        static unsigned long timerCheckUpdate = millis();
97
98        if (millis()-timerCheckUpdate>=20)
99        {
100           sendUpdateServomotors();
101           sendSensorValues();
102           timerCheckUpdate=millis();
103       }
104
105       readSerialPort();
106   }
```

最后将原程序的第 79 ～ 95 行更改为第 108 ～ 112 行，即更改引脚设置子函数 configurePins ()。

```
108   void configurePins()
109   {
110     pinMode(TrigPin, OUTPUT);
111     pinMode(EchoPin, INPUT);
112   }
```

将修改后的 Arduino 程序另存为 "S4AFirmware16_ultrasonic.ino"，并上传至控制板。

图11-13　上传Arduino程序

（3）打开 S4A 软件，若舞台的监控器中的值不断变化，表示传感器连接成功。

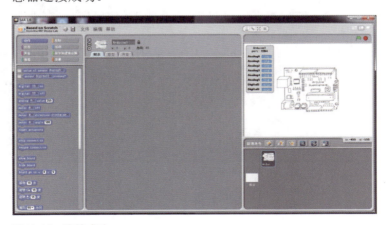

图11-14　连接成功

新建背景：在角色区选择"舞台"，在脚本区的"多个背景"标签中选择 导入 从本地上传背景，在"Indoors"文件夹中选择"chalkboard"作为背景，然后用鼠标右键单击监视器将其"隐藏"。将"Arduino1"角色缩小后放置在左下角。将预设的白色背景1删除。

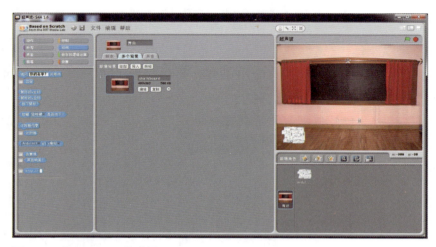

图11-15 "chalkboard"背景

新建角色：单击角色区的 按钮从本地上传角色，在"People"文件夹中选择"girl4-standing"作为"女孩"角色。

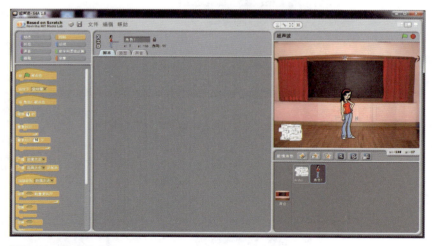

图11-16 "女孩"角色

"Arduino1"角色声音：在角色区选择"Arduino1"角色，在脚本区的"声音"标签中选择 导入 从本地导入声音，在"Electronic"文件夹中选择"Laser1"。

图11-17 "Arduino"角色声音

"Arduino1"角色程序：不断判断引脚 3 的布尔值是否为"真（True）"，为"真"时播放警报声音"Laser1"，并发送广播消息"距离太近"。

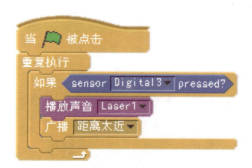

图11-18 "Arduino1"角色程序

"女孩"角色程序：当接收到广播"距离太近"时，发出警告。

图11-19 "女孩"角色程序

执行程序：单击 图标开始执行程序，将超声波传感器放置在显示器屏幕旁，人逐渐靠近显示器，当距离小于 30cm 时，程序发出警报声，舞台中的女孩说"距离太近了！"。

11.3 蓝牙遥控小车

遥控车是许多人的童年回忆，如果拥有一辆自己制作的遥控车那将是一件多么幸福的事情。下面我将带领大家制作可用蓝牙遥控的小车。此项目使用多个模块，并且需要修改配置程序。图11-20为蓝牙遥控小车的整机实物图。图11-21为游戏项目界面，通过单击停止、自转和方向按钮来控制实体小车的移动。

图11-20　蓝牙遥控AS-2WD铝合金轮式移动机器人实物图

图11-21　"蓝牙遥控小车"项目界面

为了充分享受DIY的乐趣，大家可以先购买遥控小车套件，然后自行组装。本项目所使用的车架由奥松机器人生产的"AS-2WD铝合金轮式移动机器人"小车套件组装而成（注：本书以方便购买的小车套件为例进行讲解，如果你使用相同的自行组装车，或改自玩具车的小车，或其他相同小车来参考操作也可）。

第 11 章　S4A 项目制作

材料清单：

AS-2WD铝合金轮式移动机器人套件 × 1
Arduino UNO 控制器 × 1
XBee Sensor Shield扩展板 × 1
RB Bluetooth蓝牙模块 × 1
L298N双H桥直流电机驱动板 × 1
USB 转 TTL 模块 × 1

要使"蓝牙遥控小车"脱离 USB 连接线，需要使用无线进行控制，在此我们采用无线蓝牙模块。

11.3.1　蓝牙模块

本项目使用的蓝牙模块是由奥松机器人生产的"RB Bluetooth"蓝牙模块，蓝牙模块的芯片为 CSR BC417143。蓝牙传输数据的速度通常用"波特率（Baud Rate）"表示，我们按照说明书将此蓝牙模块的传输波特率设置为 38400，因为 S4A 软件系统的蓝牙预设波特率也为 38400，两个波特率一致才能准确地传输数据。

图11-22　RB Bluetooth蓝牙模块

计算机等电子设备若要与蓝牙模块连接，需要先进行配对，配对的操作步骤如下。

（1）将蓝牙模块插到 XBee Sensor Shield 扩展板的蓝牙接口上，此时蓝牙模块的 Power 红色指示灯快闪。依次选择"开始→控制面板→硬件和声音→设备和打印机"选项，进入"添加设备"界面。

图11-23 搜索蓝牙设备

（2）系统会自动搜索到名为"RobotBase"的 RB Bluetooth 蓝牙设备，单击"下一步"按钮。

图11-24 添加蓝牙设备

（3）在"选择配对选项"区域选择"输入设备的配对码"选项，通常默认的配对码为"1234"或"0000"，再单击"下一步"按钮。

图11-25 与蓝牙设备配对　　　　　图11-26 输入配对码

（4）驱动程序安装成功后，显示"此设备已成功添加到此计算机"，单击"关闭"按钮。

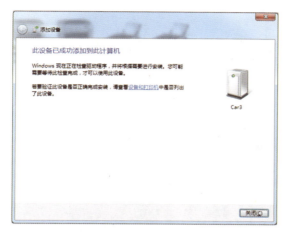

图11-27　成功添加蓝牙设备

（5）设定蓝牙设备波特率。新添加的蓝牙设备会出现在设备栏，用鼠标右键单击此蓝牙设备，在弹出的菜单中选择"属性"选项。

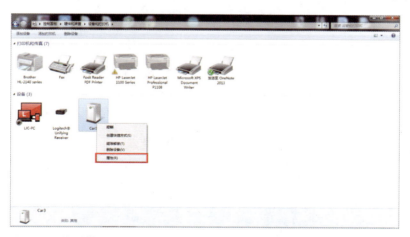

图11-28　找到蓝牙设备属性

（6）在"硬件"标签中，可看到蓝牙设备的连接端，单击"属性"按钮。

图11-29　更改蓝牙设备属性

（7）切换到"端口设置"标签，修改"位/秒"的值为"38400"，单击"确定"按钮。

图11-30　更改蓝牙波特率

下面我们测试蓝牙模块是否与S4A建立连接。

打开 S4A 软件，系统会自动通过蓝牙模块与 Arduino 板及扩展板连接，成功连接后蓝牙模块的 Connect 绿色指示灯常亮、Power 电源指示灯慢闪。同时，在右侧的舞台区中会显示 Arduino UNO 控制板的各 I/O 口输入值。注意：此时控制板是通过蓝牙模块将数据传回 S4A 的。

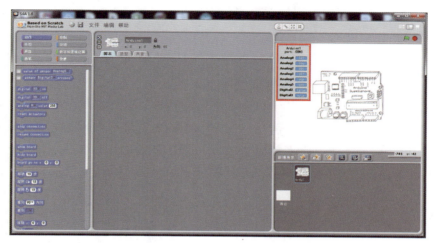

图11-31　蓝牙模块与S4A连接

11.3.2　电机模块

电机全称为电动机（Electric Motor），又名马达（Motor），它能将电能转换为机械能，以驱动机械做旋转运动、振动或直线运动，因此被广泛应用于各种电器中。电机按照工作电源种类不同，分为交流电机和直流电机两种。本项目中使用的是直流电机，以直流电作为电源，当线圈通过电流时，线圈旁边的永久磁铁因电磁感应产生转矩，使电机旋转。

图11-32　黄色直流电机

直流电机简单易用，只有 A、B 两条接线，可以使用 PWM 输入电压，一般通过控制 A、B 两端的电压差，来控制电机运转速度的大小和方向。

表11-1 直流电机功能表

A	B	功能
高	低	正转
低	高	反转
低	低	空转
高	高	刹车

由于直流电机在启动的瞬间会产生较大的反向电动势，因此不能直接使用 XBee Sensor Shield 板上的 TTL 信号驱动直流电机。为了不造成 Arduino UNO 控制板的负担，我们使用 L298N 双 H 桥直流电机驱动板。

L298N 是 ST 公司生产的电机驱动芯片，采用双 H 桥电路设计，可以改变电流方向，控制电机正转或反转。两组双 H 桥电路可同时控制两组直流电机。L298N 双 H 桥直流电机驱动板实物图如下。

图11-33　双H桥直流电机驱动板

下面我们详细讲解双 H 桥直流电机驱动板的控制方式与电路连接。

电机驱动板可同时控制两个电机，IN1、IN2 控制第一个电机，对应 L298N 芯片的 OUTPUT1、OUTPUT2 接口，IN3、IN4 控制第二个电机，对应 L298N 的 OUTPUT3、OUTPUT4 接口。ENA/ENB 是使能端，其中 ENA 控制第一个电机、ENB 控制第二个电机。当把使能端 ENA 和 ENB 置为高电平时，蓝牙小车为全速状态，也可

第 11 章　S4A 项目制作

以给使能端输入 PWM 信号，通过调节 PWM 信号的占空比，改变电机的转速。表 11-2 为电机驱动接口状态表，输入信号不同，对应电机运转状态不同。

表11-2　电机驱动接口状态表

ENA	ENB	IN1	IN2	IN3	IN4	A电机	B电机	状态
低	低	×	×	×	×	停止	停止	停止
高	高	低	高	低	高	顺时针转	顺时针转	前进
高	高	高	低	高	低	逆时针转	逆时针转	后退
高	高	低	高	高	低	顺时针转	逆时针转	右转
高	高	高	低	低	高	逆时针转	顺时针转	左转

注：ENA、IN1、IN2控制A电机；ENB、IN3、IN4控制B电机。ENA、ENB为使能端，由PWM输入控制，当PWM输入为高电平时使能端置控制电机转速为全速。

本项目中使用 PWM 控制电机转速，黄色线为使能线（ENA/ENB），红色线为输入端（IN1/IN3），黑色线为输入端（IN2/ IN4），按照下图所示的方式使电机驱动板与 XBee Sensor Shield 扩展板相连接。

图11-34　连接电机驱动板与扩展板

电路配置各引脚对应输出端如表 11-3 所示。

表11-3　引脚对应输出端

ENA	ENB	OUT1	OUT2	OUT3	OUT4	A电机	B电机
D9	D6	D10	D11	D4	D5	左电机	右电机
PWM输出	PWM输出	数字输出	数字输出	数字输出	数字输出	×	×

221

11.3.3 修改引脚配置文件

> 因为我们的设定与 S4A 软件的预设值有所不同，所以需要手动修改 Image 引脚配置文件和 S4A 的硬件设置。

在 S4A 软件的安装路径 C:\Program Files (x86)\S4A 下的"S4A.image"文件是 Arduino 板的引脚配置文件。为方便用户设计作品，S4A 软件将 Arduino 板的各个引脚预先设定了功能，例如：D2、D3 为数字输入引脚，D10、D11、D12、D13 为数字输出引脚等。但在设计作品过程中，往往需要根据实际情况修改已经预设的引脚功能，S4A 软件允许用户修改并存储自己的配置文件，文件名为"*.image"。

修改引脚配置文件的步骤如下。

（1）建立自己的引脚配置文件。在安装路径下找到"S4A.image"文件，复制并重命名为"S4A_car.image"，此时文件夹中有两个".image"配置文件。

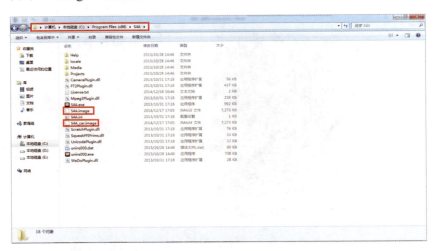

图11-35　新建引脚配置文件

打开 S4A 软件，在弹出的"选择 image 文件"对话框中选择新建的"S4A_car.image"引脚配置文件，单击"打开"按钮。

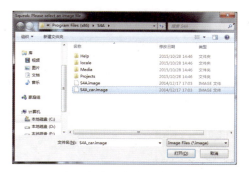

图11-36　打开新建的引脚配置文档

（2）在 S4A 软件界面，按住"Shift"键，选择功能表中的"文件"菜单选项，在下拉菜单中选择"Exit User Mode"选项。

图11-37　选择"Exit User Mode"选项

操作界面下方与右侧会出现空白区域，在任意空白区域单击鼠标右键，在弹出的功能表中选择"open"选项。

图11-38　打开系统设置界面

再选择"browser"选项进入系统设置界面。

图11-39　选择"browser"选项

（3）配置 PWM 引脚。在"System Browser"窗口的第一列选择"S4A"选项，第二列选择"ArduinoScratchSpriteMorph"选项，第三列选择"other actuator ops"选项，第四列选择"analogPinNumbers"选项，在下方的横栏中会显示 PWM 引脚设置，将此处修改为"6、9"。然后单击鼠标右键，再在弹出的菜单中选择"accept(s)"选项接受设置。

图11-40　修改PWM引脚设置

第一次执行时会弹出"Please type your initials"的对话框，输入设置的任一引脚号作为初始引脚即可。

图11-41　设置PWM初始引脚

① 移除伺服引脚。在"System Browser"窗口的第一列选择"S4A"选项，第二列选择"ArduinoScratch SpriteMorph"选项，第三列选择"servomotor commands"选项，第四列选择

"servoPinNumbers"选项，然后单击鼠标右键，再在弹出的菜单中选择"remove methods(x)"选项。

图11-42　移除伺服引脚

在弹出的对话框中选择"Remove it"选项，将伺服引脚定义移除。

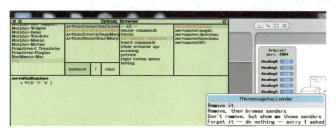

图11-43　确认移除

② 配置digital引脚。在"System Browser"窗口的第一列选择"S4A"选项，第二列选择"ArduinoScratchSpriteMorph"选项，第三列选择"other actuator ops"选项，第四列选择"digitalPinNumbers"选项，在下方的横栏中会显示digital引脚设置，将此处修改为"13、12、11、10、5、4"。然后单击鼠标右键，再在弹出的菜单中选择"accept(s)"选项。

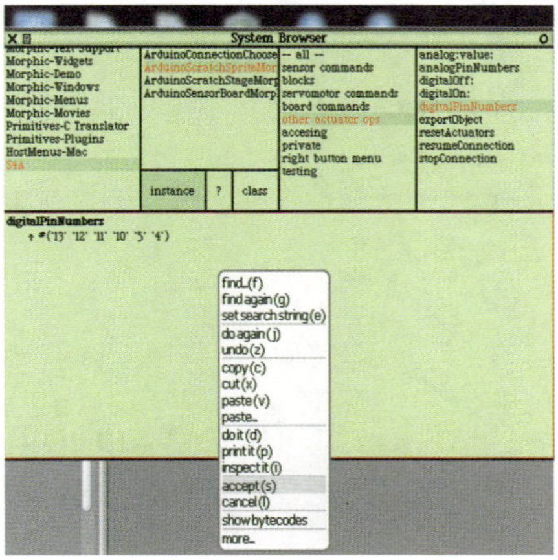

图11-44　配置digital引脚

③ 修改默认引脚。在"System Browser"窗口的第一列选择"S4A"选项，第二列选择"ArduinoScratchSpriteMorph"选项，并在下方选择"class"选项。第三列选择"block specs"选项。第四列选择"blockSpecs"选项。下方的横栏按照下图所示修改各默认引脚。

图11-45　修改默认引脚

④ 存储引脚设置。单击"System Browser"窗口左上方的 ❌ 按钮关闭该窗口，回到 S4A 软件界面，按住"Shift"键，选择功能表中的"文件"选项，在下拉菜单中选择"Save Image in User Mode"选项，再在弹出的对话框中选择"Yes"选项即可。

图11-46　存储引脚设置

11.3.4　修改Arduino文档

在 S4A 系统中修改引脚定义后，需要在 ArduinoIDE 系统中修改"S4AFirmware16.ino"相应的引脚配置，才能使 S4A 系统正常运行，下图所示为初始引脚定义。

第 11 章　S4A 项目制作

（1）新建 Arduino 配置文件"S4AFirmware16_car.ino"，在 Arduino IDE 系统中打开"S4AFirmware16_car.ino"，按下图修改部分引脚的定义。

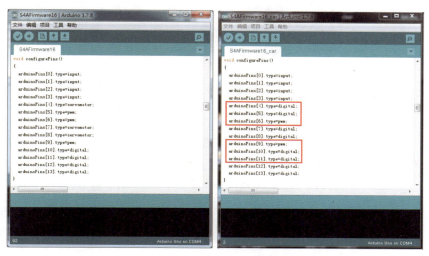

图11-47　初始引脚定义　　　　　图11-48　修改Arduino引脚定义

（2）使用 USB 线连接 Arduino 板与计算机，单击 按钮，将修改后的执行文件上传至 Arduino 板。

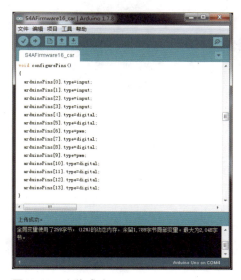

图11-49　上传成功

11.3.5 小车的S4A程序设计

S4A 程序提供专属的指令，可以控制伺服马达，例如：可以使用 `motor 8 direction clockwise` 积木控制马达正反转，也可以使用 `motor 8 off` 积木让马达停止转动。此外，`motor 8 angle 180` 积木可以控制电机准确转动指定的角度。

按照前面描述的方法装配小车的硬件部分，并通过蓝牙与S4A软件相连。

新建背景：在角色区选择"舞台"，在脚本区的"多个背景"标签中选择 `导入` 从本地上传背景，在"Backgrounds"下的"Outdoors"文件夹中选择"boardwalk"作为背景。

新建角色：在角色区单击 按钮，并在文件夹中选择新的角色，依次添加"上 .jpg""下 .jpg""左 .jpg""右 .jpg""原地旋转 .jpg""停止 .jpg"作为角色 1～角色 6。

图11-50　七个角色

新建变量：全局变量"动作""左轮全速""右轮全速""左轮等待时间""右轮等待时间"。

Arduino1 角色程序：首先设定两轮的全速值，经验值为 255，由于左右两轮摩擦力不同，此处需要根据实际情况微调数值，保证小车直线行驶；待旋转完成后，再开启全速前进模式。

"动作"变量分为"前进""后退""原地旋转""停止""向左转""向右转"六个部分，程序重复判断变量值并执行相应子程序。

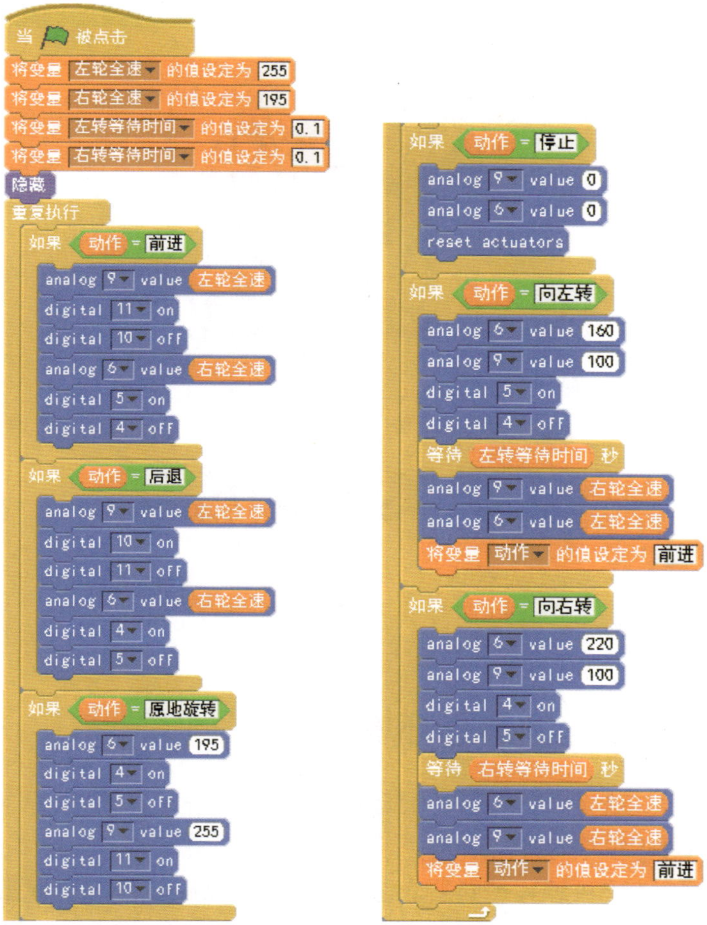

图11-51　Arduino1角色程序

其他按键角色的程序基本一致。当角色被单击时,将变量"动作"设定为相应的执行动作。

图11-52　其他按键角色程序

执行程序:单击 ▶ 图标开始执行程序,让小车执行前进、后退、向左转、向右转等动作,调整延时时间,保证小车正常行驶。

第12章 认识奥松编程吧

12.1 奥松编程吧编程环境搭建

这个章节将会详细介绍初次使用奥松编程吧来为 Arduino UNO 进行编程时，是如何进行配置的，并且完成第一个程序的上传。

进入奥松编程吧网站 http://www.superblockly.com（此编程云系统为最新版，内含 Scratch3.0，网站持续快速升级中，老用户仍然可以使用老版编程云系统 http://www.alscode.cn 对硬件进行编程，因升级造成的不稳定等问题可添加微信：alsrobot999 寻求技术支持！），之后就可以在这个网站上进行程序的编写和上传了。

注册奥松编程吧账号，进入编程吧主页后选择"注册"按钮。

图12-1　奥松编程吧主页

第 12 章　认识奥松编程吧

如果是学生就单击"学生注册"按钮，如果是教师就单击"教师注册"按钮，如果是教育机构就单击"教育机构"按钮，再根据提示输入注册信息，并单击"注册"按钮。

图12-2　奥松编程吧账号注册

注册成功后，就登录到奥松编程吧，在奥松编程吧主页可以进行头像设置，也可查看自己的登录信息。接下来，我们就可以开始编程环境的配置，并且完成第一个程序的上传。

图12-3　登录到奥松编程吧

单击主页上的"创作"按钮，选择图形编程，进入编程页面。

图12-4　进入编程页面

点击"帮助"按钮，按照说明进行"Google 插件"安装。

图12-5　应用安装说明

插件安装成功后，打开谷歌浏览器应用界面。

图12-6　应用安装完成

完成奥松编程吧的插件安装之后，就可以开始编写和上传第一个程序了。单击"跟我学"按钮，会出现如下图所示效果。

图12-7　显示跟我学

选择"闪烁的 LED 灯"选项，单击"确定"按钮，开始跟着教程编写第一个程序。

第 12 章　认识奥松编程吧

图12-8　跟我学编程

程序编辑完成的效果如下图所示。

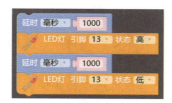

图12-9　闪烁的 LED 程序

保存项目有两种方式，第一种方式是将其下载到本地，第二种方式是将其保存在服务器上。我们使用第二种方式，将创建的第一个程序保存下来并填写项目信息。

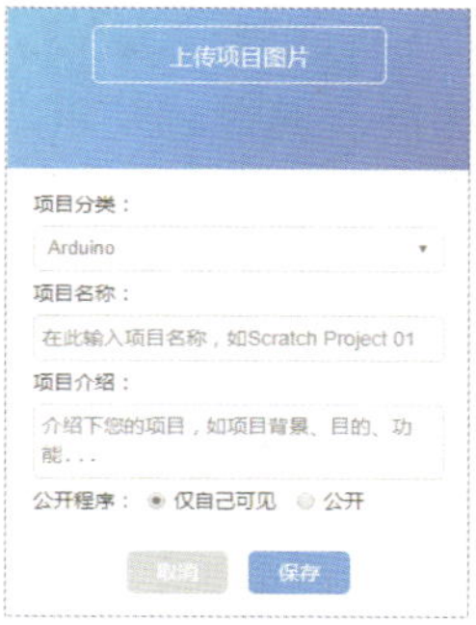

图12-10　保存项目

保存项目后，就可以进行编译上传，单击"编译"按钮，会显示下图所示界面，选择控制的端口，并单击"确定"按钮，就开始程序的上传了。

233

图12-11　选择端口

几秒以后，你会看到 Pin13 指示灯做间隔 1 秒的闪烁。如果你看到的是这样的情况，说明 Arduino 已经成功地与奥松编程吧连接，并且已经成功上传一个程序。

奥松编程吧有图形化编程、指令编程和 Scratch 编程三个模块，可以通过上面的选项进行切换。在本章的项目中，我们使用的是图形化编程，在图形化编程界面下，左侧栏是编程指令区，汇集不同的编程指令，在编程时，通过单击鼠标选择指令模块，通过拖曳进行编程。右侧栏有代码，就是将编写的图形化程序转换成程序代码，并设置 Arduino UNO 控制器的端口。帮助信息中有关于编程吧的使用说明，以及背景切换功能。在上方栏中分别有"跟我学""项目""重置""上传项目""下载项目""保存""编译"，项目就是编写的程序保存的位置，重置是将现在的程序界面清空，上传项目是从本地上传程序到奥松编程吧，下载项目是将目前编写的程序下载到本地，保存是将目前编写的程序保存到服务器，编译就是可以将程序上传到 Arduino UNO 控制器了。

通过"跟我学"中的"点亮一个 LED"程序，相信你对奥松编程吧已经有了一个初步的了解，下面就开始进行实际项目程序的编写吧！

12.2　串口控制LED灯

项目介绍

ASCII 码是一种电脑编码系统，本实验使用 Arduino UNO R3

第 12 章 认识奥松编程吧

控制器与计算机进行串口通信,利用计算机的串口通信软件工具向 Arduino UNO R3 控制器发送英文字母,对应点亮不同颜色的 LED。

需要的元件

- Arduino UNO R3 控制器 * 1 个、实验面包板 * 1 个

图12-12　Arduino UNO R3控制器

图12-13　实验面包板

- 红色 5mm LED * 1 个、绿色 5mm LED * 1 个

图12-14　红色5mm LED

图12-15　绿色5mm LED

- 黄色 5mm LED * 1 个、470 Ω 电阻 * 3 个

图12-16　黄色5mm LED

图12-17　470Ω电阻

- 实验跳线 * 若干、USB 数据线 * 1 条

图12-18　实验跳线

图12-19　USB 数据线

连接元件

按照实验接线图将元件连接起来。

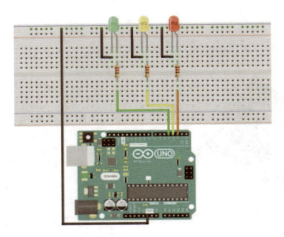

图12-20　实验接线图

一起编程吧

首先要进行初始化程序的编辑,在初始化代码中,需要定义使用到的变量及打开控制器的串口通信功能。

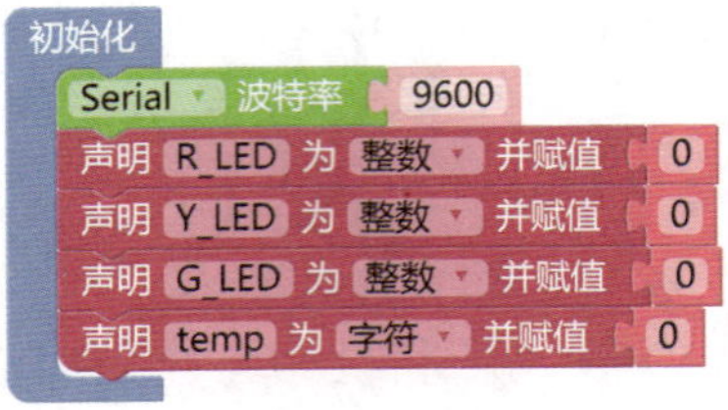

图12-21　程序的初始化

初始化代码之后,要进行主控制程序的编写,首先使用一个"如果"循环语句来判断串口是否有字符,如果有字符就进入循环程序内。

图12-22　使用"如果"循环语句判断串口是否有字符

编写循环程序内部代码，即告诉控制器当串口有数据输入时需要怎么做，代码块效果如下。这里是将串口读取的数据赋值给了声明的 temp 变量。

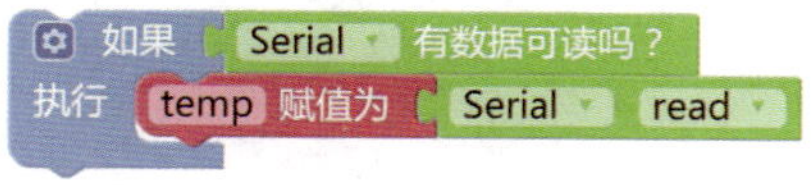

图12-23　编写循环程序内部代码

赋值之后要如何根据收到的数据来控制不同的 LED 亮起来呢？通过一个多分支的判断语句来实现不同的字符控制不同的 LED 亮起来。

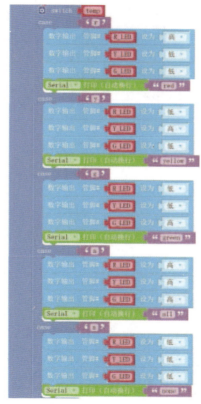

图12-24　不同的字符控制不同的LED

最终完成后的代码效果如下图所示，将下面的代码上传到控制器中看一下效果吧！

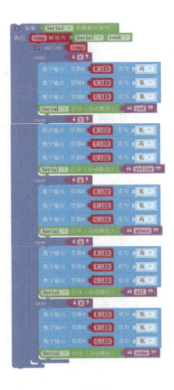

图12-25 串口控制LED程序

代码回顾

初始化积木：对程序中用到的变量、引脚等进行初始化设置。

图12-26 初始化积木

波特率设置积木：开启 Arduino 的串口通信功能，并设置波特率为 9600 bps。

图12-27 波特率设置积木

变量声明积木：声明一个新的变量并进行赋值，本程序中声明的是三个 LED 连接的引脚。

图12-28 变量声明积木

如果……执行积木：条件判断语句，条件如果成立就会执行内部代码。

图12-29 如果……执行积木

串口数据判断积木：用于实时读取串口数据，多作为判断条件使用。

图12-30 串口数据判断积木

switch 积木：多分支结构的条件判断语句，当判断某个 case 语句成立时，就会执行该语句内部的代码。

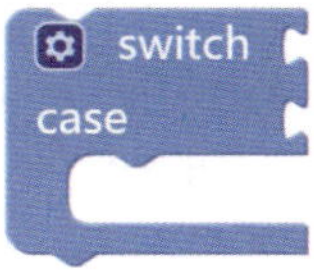

图12-31 switch积木

数字接口控制积木：用来控制数字接口输出高电平或低电平。

图12-32 数字接口控制积木

串口打印积木：在串口监视器中打印设置的字符。

图12-33 串口打印积木

硬件回顾

面包板

面包板是一个可重复使用的非焊接元件，用于制作一个电子线路原型或线路设计实验。面包板在一个栅格中有一系列的孔，在板的背面，这些孔通过两条导电金属条相连，这些金属条通常如下图所示排列。

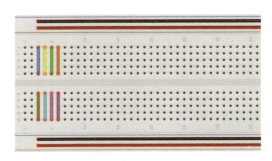

图12-34　面包板结构

上方金属条沿着顶部和底部平行贯穿面包板，可以用作电源线和地线。面包板中间的元件可以很方便地连接电源和地。中间部分的栅格与电源、地的栅格形成 90 度角，中间部分还有一些断点，可以穿过这些断点放置一个集成电路，使芯片上的每一个引脚进入不同的孔组。

图12-35　集成芯片放置方式

LED

仔细观察 LED，你会注意到两件事：两个引脚长度不同；外壳的一边有一个平面，而不是圆柱形。这是为了告诉我们哪个引脚是阳极（+），哪个引脚是阴极（-）。长引脚是阳极，需要连接到电源正极；短引脚是阴极，需要连接到电源负极（GND）。从外壳上看，平面一边的引脚是阴极，圆柱形一边的引脚是阳极。

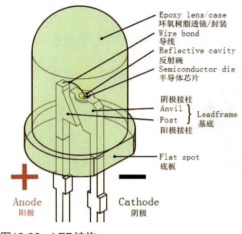

图12-36　LED结构

电阻

电阻会对电流产生一定的阻力，从而使元件两端分得的电压下降。在这个项目中，数字引脚输出 5V、40mA 直流电，而 LED 需要 2V、35mA 直流电。因此，至少需要一个电阻，可以将加到 LED 上的电压降到 2V，这里选用 470Ω 的电阻。如果选择的电阻的阻值过小，将会产生较大的电流，损坏元件。我们可以通过色环来识别电阻的阻值，阻值 470Ω 的电阻的五色环颜色是：第一色环黄色、第二色环紫色、第三色环黑色、第四色环黑色、第五色环棕色。

图12-37　470Ω电阻

12.3　智能骰子

项目介绍

八段数码管是由多个 LED 封装到一起并组成"8"字形输出的器件，其每一个笔画为一个 LED。本实验通过小金属按键触发 random(min, max) 函数产生一个 1~6 的随机数，通过 Arduino UNO R3 控制器控制八段数码管显示出该随机数，从而模拟骰子的效果。

需要的元件

- Arduino UNO R3 控制器 * 1 个、实验面包板 * 1 个

图12-38 Arduino UNO R3 控制器

图12-39 实验面包板

- 八段数码管 * 1 个、小金属按键 * 1 个

图12-40 八段数码管

图12-41 小金属按键

- 470Ω 电阻 * 8 个、USB 数据线 * 1 条

图12-42 470Ω电阻

图12-43 USB 数据线

- 实验跳线 * 若干

图12-44 实验跳线

第 12 章　认识奥松编程吧

连接元件

按照实验硬件接线图将元件连接起来。

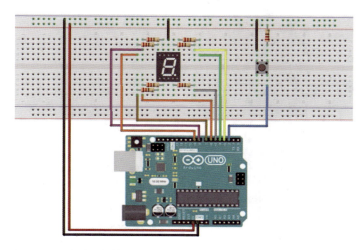

图12-45　实验硬件接线

一起编程吧

需要编写初始化代码，在初始化程序中，需要完成按键引脚声明、变量声明、数组的声明及引脚电平的初始化。

声明要使用到的变量，并进行赋值。

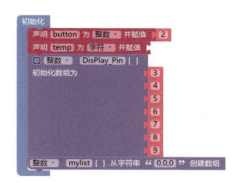

图12-46　程序初始化

添加数字显示需要的数组语句。

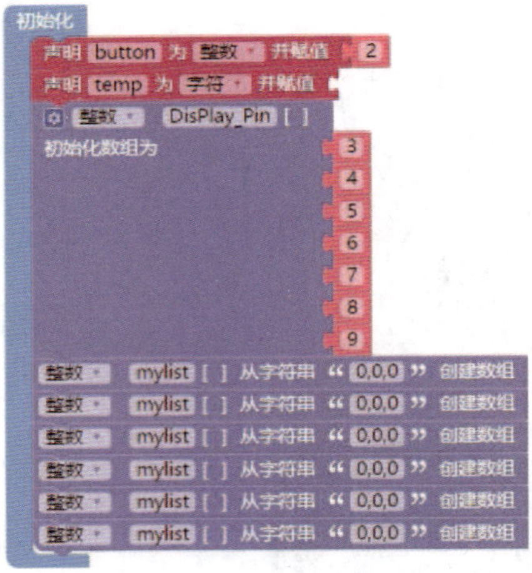

图12-47 添加数字显示需要的数组语句

添加引脚电平初始化设置,程序初始化部分就编写完成了。

图12-48 添加引脚电平初始化设置

初始化程序完成后,要进行主控制代码的编辑,使用"如果"循环语句判断是否有按键被按下,如果有按键被按下则执行内部的程序。

图12-49　使用"如果"循环语句判断按键是否被按下

按下按键时需要随机选择一个数，先通过 switch 语句来判断这个数值，然后控制数码管显示不同的数字。

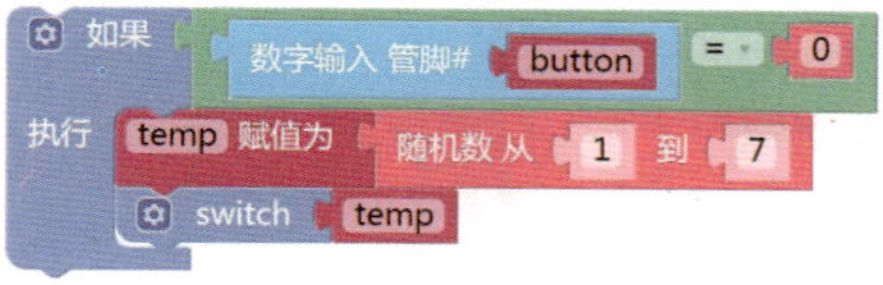

图12-50　判断被按下的按键

使用 switch 语句判断数值，并执行相应的语句。

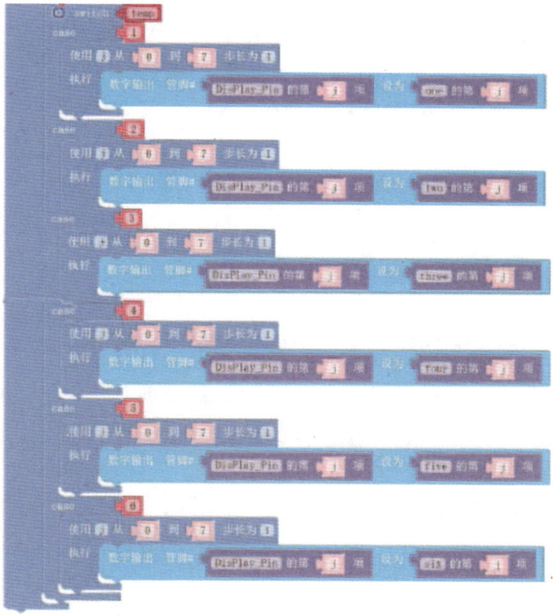

图12-51　使用 switch 语句判断数值

最终完成的代码效果如下图。

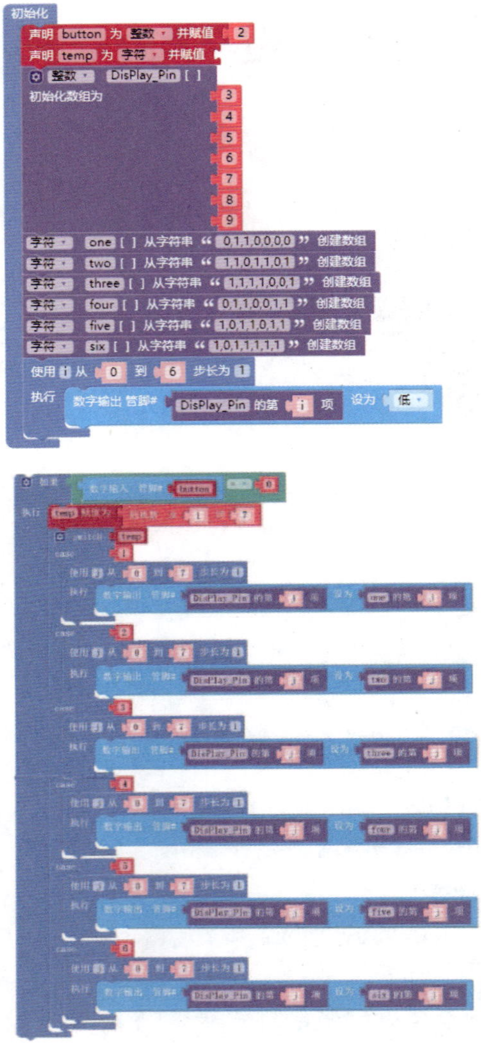

Scratch 编程权威实战指南

图12-52　智能骰子程序

代码回顾

程序中使用的很多语句在第一个项目中都使用过，只有几个语句是新的语句，下面我们来看一下这几个新语句的意思。

数组初始化积木：初始化一个多元素的数组，可以设置数组内元素的类型、元素的个数及数组的名称。

图12-53　数组初始化积木

代码中定义了一个名为 DisPlay_Pin 的整数型数组来存储数码管的引脚号。

创建数组积木：定义一个字符串数组。

图12-54　创建数组积木

代码中定义了字符型的数组，分别存储 1～6 的数字。

如果……执行积木：定义一个固定次数的循环，要循环的次数为两个数值的差值，步长为每次加的数值。需要注意的是，这个循环语句内的程序总是要先执行一次的。

图12-55　如果……执行积木

代码中定义了一个循环，变量的范围是 0～6，每次加 1，循环内的语句会执行 7 次。

比较判断积木：比较语句用在代码中做判断，用于比较两个值。语句包括的比较如下。

- =（等于）。
- ≠（不等于）。
- <（小于）。
- >（大于）。
- <=（小于等于）。
- >=（大于等于）。

图12-56　比较判断积木

代码中判断按键的值是不是等于 0，如果按键的值为 0，"如果"语句内的代码就会被执行。

随机数生成积木：生成一个数值范围在两个数值之间的随机数字。

图12-57　随机数生成积木

代码中用随机数生成语句生成数码管上要显示的数字。

变量赋值积木：将定义的变量赋一个初值。

图12-58　变量赋值积木

代码中将生成的随机数赋值给变量，并通过多分支判断语句 switch…case 判断变量的值，执行显示相应的数字代码。

硬件回顾

在这个项目中，有我们使用过的元件，如电阻，相信大家还没有忘记它是怎么工作的，以及它的作用。还有我们之前没有接触过的元件，下面就来看一下这些新的元件。

黑色小金属按键

通过硬件连接图，我们可以发现按键是跨接在面包板上，而不是放在一侧的，这和它的内部结构是有密切关系的。

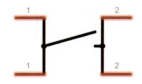

图12-59　按键结构

按键两侧的引脚是默认导通的，按下按键后，四个引脚就会全部导通。

第 12 章　认识奥松编程吧

八段数码管

数码管也称 LED 数码管，是一种半导体发光器件，基本单元是发光二极管。八段数码管就是由八个发光二极管组成的，电气符号如下图所示，在空间排列成"'8'字形 + 小数点"的形式，只要加载电压，阳极和阴极之间相应的笔画就会发光。本项目中使用的数码管的八个 LED 阴极是连接在一起的，八个 LED 的阳极是分开的，因此这种数码管叫作共阴数码管。

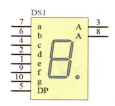

图12-60　数码管电气符号

12.4　火焰红外接收管应用

项目介绍

火焰红外接收管是一种对火焰等热源敏感的二极管，本实验中利用火焰红外接收管搭建火焰报警器电路，可以用来探测火源或热源，并通过电脑上 Arduino IDE 的串口监视器，观察不同距离的火焰对应火焰红外接收管返回数值的变化情况。

需要的元件

- Arduino UNO R3 控制器 * 1 个、实验面包板 * 1 个

图12-61　Arduino UNO R3 控制器

图12-62　实验面包板

- 蜂鸣器 *1 个、红色 LED *1 个、470Ω 电阻 *3 个

图12-63　蜂鸣器　　　图12-64　红色 LED　　　图12-65　470Ω电阻

- 火焰红外接收管 *1 个、9013 NPN 型三极管 *1

图12-66　火焰红外接收管　　　图12-67　9013 NPN 型三极管

- 实验跳线 * 若干、USB 数据线 *1 条

图12-68　实验跳线　　　　　　图12-69　USB 数据线

连接元件

按照实验硬件接线图将元件连接起来。

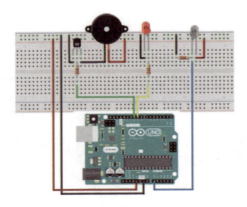

图12-70　实验硬件接线

第 12 章　认识奥松编程吧

一起编程吧

编写程序初始化部分，在初始化中要定义需要的变量及打开串口通信，程序块代码效果如下，这样我们可以通过串口监视软件来查看目前火焰红外接收管检测到的值是多少。

图12-71　程序初始化

编写主控制部分的代码，将火焰传感器连接的引脚 A0 读出的值赋给 flame_value 变量。

图12-72　将火焰传感器的值赋给flame_value 变量

使用一个判断语句判断火焰值的范围，如果值大于 50 就执行内部的程序。

图12-73　对变量flame_value进行判断

进入执行语句内,需要设定火焰值大于 50 的时候如何进行报警？我们设定让蜂鸣器报警，并且让红色 LED 亮起。如果检测值没有超过 50，就设定蜂鸣器不响，而且 LED 也不会亮起，在执行过程中，使用串口打印命令，将火焰传感器检测到的值通过串口传送到电脑。

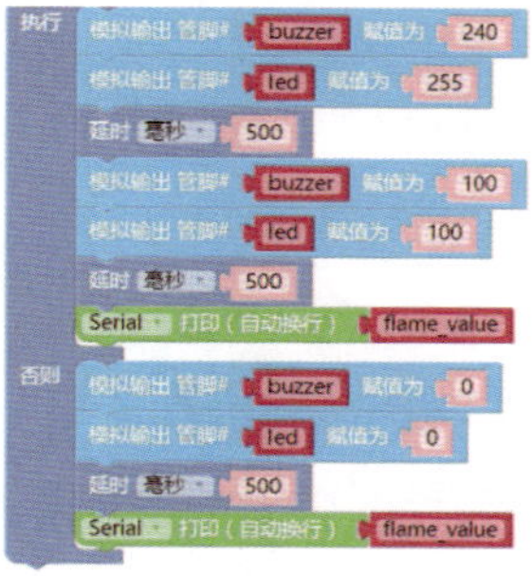

图12-74　搭建执行语句内的积木

初始化部分加上控制部分的代码就构成了全部程序。

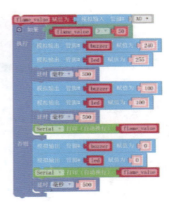

图12-75　火焰红外接收管应用程序

代码回顾

本项目中使用的语句在前面基本都接触过了，这里有必要说一下的就是"如果……执行……否则"语句，这条语句的执行是首先判断如果语句内的条件是否成立，成立的情况下，就顺序执行内部代码；不成立的情况下，就执行否则语句内的代码。

图12-76　如果……执行……否则积木

硬件回顾

在本项目中，我们接触到了三个新的电子元件，下面就对它们进行一下简单的介绍。

有源蜂鸣器

蜂鸣器是一种一体化的电子讯响器，采用直流电压供电，常用在报警器、电子玩具、汽车电子设备中作为发声器件。本实验使用的是有源蜂鸣器，内部带有振荡源，只要一通电就会发出声音。

有源蜂鸣器是靠压电效应的原理来发声的，常见的压电材料是各种压电陶瓷。这种材料的特别之处在于，当电压作用于压电材料时，压电材料就会随电压和频率的变化产生机械变形。而且，振动压电陶瓷时还会产生电荷，就是说这种材料能把机械变形和电荷相互转化。压电式蜂鸣器里面的起振片就是一种压电陶瓷。如上所述，要让它振动，除了压电陶瓷本身，还需要适当大小和频率变化的电压作用于压电陶瓷。有源蜂鸣器内部带有多谐振荡器，可以产生 1.5 ～ 2.5kHz 的电压信号，这样有源蜂鸣器才能发声。

有源蜂鸣器的两个引脚有正负之分，通过外观就可以判断引脚的正负极，也可以通过标识贴上的指示和引脚的长短来区分蜂鸣器的正负极。

图12-77　有源蜂鸣器

远红外火焰传感器

远红外火焰传感器能够探测到波长在 700 纳米～ 1000 纳米范围内的红外光，探测角度为 60 度，当红外光波长在 880 纳米附近时，其灵敏度达到最大。远红外火焰探头将外界红外光的强弱变化转化为电流的变化，控制器通过 A/D 转换器识别火焰传感器的信号。红外光越强，数值越小；红外光越弱，数值越大。

远红外火焰传感器的插针是有极性的，观察远红外火焰传感器的外观就可以判别它的极性，有弯角的一端为正极，没有弯角的一端为负极。

图12-78　远红外火焰传感器

9013 NPN 型三极管

9013 是一种 NPN 型小功率三极管。三极管是半导体基本元器件之一，具有放大电流的作用，也是电子电路的核心元件。三极管是在一块半导体基片上制作两个相距很近的 PN 结，两个 PN 结把整块半导体分成三部分，中间部分是基区，两侧是发射区和集电区。三极管的排列方式有 PNP 和 NPN 两种。9013 NPN 型三极管的主要用途是放大及作为开关等。本项目就是使用 9013 NPN 型三极管的放大功能，将 Arduino UNO 控制器引脚输出的小电流放大后驱动蜂鸣器。

三极管分为三个极，分别是基极、集电极和发射极。

1. Emitter 发射极
2. Base 基极
3. Collector 集电极

图12-79　9013 NPN型三极管

第 13 章

玩转 ZinnoBot 智能编程机器人

本章主要介绍 ZinnoBot 智能编程机器人，带领你认识并组装一台属于你自己的机器人，以实际项目实验作为基础，让你更快速地认识并了解如何控制一台机器人。

13.1 认识ZinnoBot

ZinnoBot 机器人是一款集机械、电子、软件编程于一体的入门级教育机器人 DIY 套件。其可通过不同的零件和传感器模块组合搭建出各种形态和功能的机器人，如寻线机器鼠、自主避障乌龟机器人、追光天牛机器人、遥控对抗足球机器人等。通过指令化和图形化编程软件，可以轻松学习编程知识，锻炼逻辑思维，还可以使用 APP 来无线操纵机器人，实现足球对抗的竞技乐趣，不仅能够锻炼青少年的动手能力，还能培养他们的想象力和创造力。

图13-1　ZinnoBot智能编程机器人

13.2　ZinnoBot智能编程机器人搭建

零件清单

"欲先攻其事必先利其器",在安装 ZinnoBot 智能编程机器人前先了解一下它都含有哪些零件。

图13-2　ZinnoBot智能编程机器人的零件清单

安装结构

ZinnoBot 智能编程机器人可以分为上板、底座、前围挡、后围挡四部分,只需要将零件固定到相应的部分上,再将四个部分组合到一起就可以完成 ZinnoBot 智能编程机器人的安装。

第 13 章　玩转 ZinnoBot 智能编程机器人

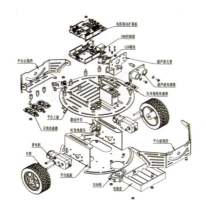

图13-3　ZinnoBot智能编程机器人安装图解

制作安装步骤

图13-4　安装步骤1~4

图13-5　安装步骤5~8

图13-6　安装步骤9～10

图13-7　安装步骤11～12

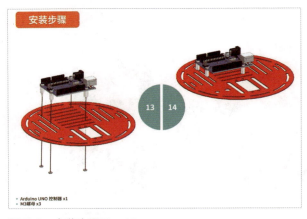

图13-8　安装步骤13～14

第 13 章　玩转 ZinnoBot 智能编程机器人

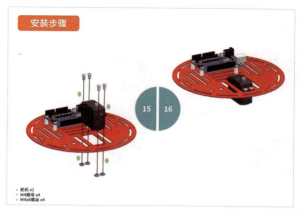

图13-9　安装步骤15～16

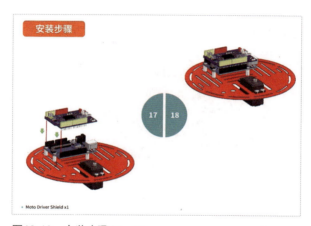

图13-10　安装步骤17～18

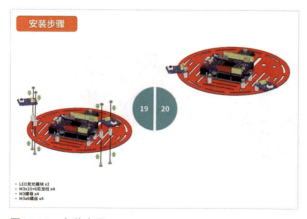

图13-11　安装步骤19～20

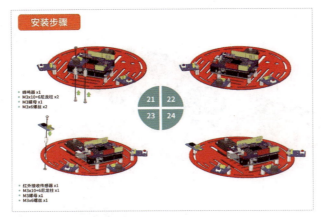

图13-12　安装步骤21～24

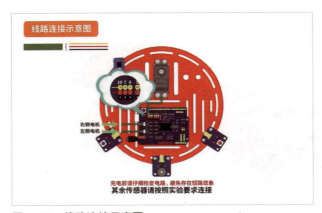

图13-13　线路连接示意图

图13-14　安装步骤25～26

第 13 章　玩转 ZinnoBot 智能编程机器人

图13-15　安装步骤27~28

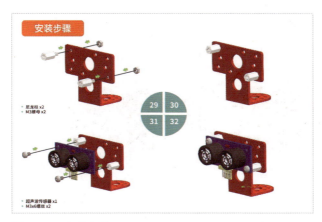

图13-16　安装步骤29~32

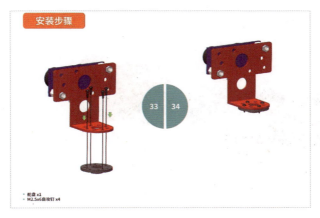

图13-17　安装步骤33~34

图13-18　安装步骤35～36

图13-19　安装步骤37～38

图13-20　安装步骤39～40

第 13 章　玩转 ZinnoBot 智能编程机器人

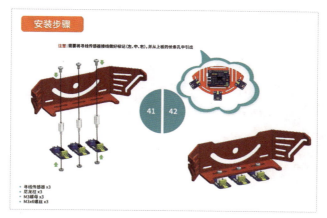

图13-21　安装步骤41～42

图13-22　安装步骤43

图13-23　ZinnoBot智能编程机器人安装完成图

13.3 ZinnoBot智能寻线机器人

图13-24　ZinnoBot智能寻线机器人

实验目的

本实验将使用 ZinnoBot 智能寻线机器人前方的左、中、右三个寻线传感器来检测场地中的黑线，使用编程吧开发程序，程序启动后 ZinnoBot 智能寻线机器人将沿场地中的黑线行驶。

实验原理

实验中 ZinnoBot 智能寻线机器人会有四种状态变化：前进、左转、右转、停止，通过寻线传感器的检测来判断 ZinnoBot 智能寻线机器人该执行哪种状态。红外寻线传感器具有检测到黑线时输出高电平的特性，根据这一特性，当左侧寻线传感器输出高电平时，说明 ZinnoBot 智能寻线机器人向右偏离，需要左转来进行调整。我们将建立小车的四种状态函数，并根据左、中、右三个寻线传感器的电平变化来实现 ZinnoBot 智能寻线机器人寻线的效果。

硬件连接

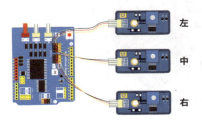

图13-25　硬件连接示意图

将左、中、右三个红外寻线传感器分别连接到 MotorDriver Shield 中的 D7、D6、D5 引脚上。

图形化编程实验

程序设计

先登录编程吧系统（http://www.alscode.cn），然后按以下步骤操作。

（1）将程序复制到新项目中，并删除主程序部分。

图13-26　复制程序到新项目中

（2）将前进函数复制两份，分别修改为右转和左转。

①将函数名称修改为右转。

②参考真值表，将管脚#12 改成低电平。

图13-27　修改函数为右转

③将函数名称修改为左转。

④参考真值表，将管脚#13改成低电平。

图13-28　修改函数为左转

（3）声明三个寻线传感器所接的引脚。

①单击"变量"按钮，选择里面的"声明"积木，并修改为"左"。

②单击"数学"按钮，选择里面的"0"积木，并修改为"7"。

③声明"中"为整数并赋值6。

④声明"右"为整数并赋值5。

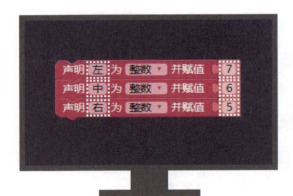

图13-29　声明三个传感器变量

（4）根据寻线传感器检测，设计"执行前进"积木。

①单击"控制"按钮，选择"如果……执行"积木。

②单击"逻辑"按钮,选择"逻辑"积木,拖曳到"如果"积木后面。

③因为要判断三个寻线传感器的变化,所以再次拖曳一个"逻辑"积木放置到"逻辑且"积木的右侧。

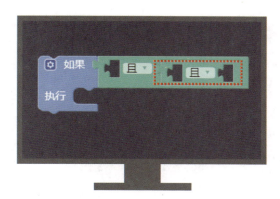

图13-30　为循环积木添加"逻辑"积木

④单击"逻辑"按钮,选择"判断"积木,拖曳至"逻辑"积木的第一个位置。

⑤单击"输入/输出"按钮,选择里面的"数字输出"积木,拖曳至"判断"积木左侧,并修改为 管脚#变量/中。

⑥单击"输入/输出"按钮,选择里面的电平积木,拖曳至"判断"积木右侧,进行中间寻线传感器电平判断。

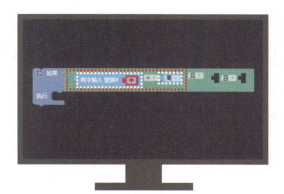

图13-31　添加中间寻线传感器的判断

⑦设计左侧寻线传感器电平＝低。

⑧设计右侧寻线传感器电平＝低。

图13-32　添加另外两个传感器的判断

⑨单击"函数"按钮，选择里面的"执行前进"积木，拖曳至执行内。

⑩单击"数学"按钮，选择里面的数字"0"积木，拖曳至"执行前进"积木后面，并修改为180。

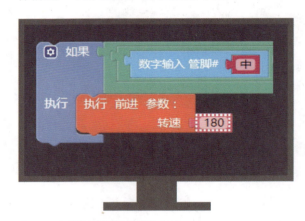

图13-33　添加"执行前进"积木

（5）根据寻线传感器检测，设计执行左转、右转积木。

①单击"控制"按钮，选择里面的"如果……执行"积木，拖曳到上一个"如果……执行"积木下方。

②单击"逻辑"按钮，选择"逻辑"积木。

③设计左侧寻线传感器电平＝高。

④设计右侧寻线传感器电平＝低。

⑤单击"函数"按钮，选择"执行左转"积木，并修改转速为160。

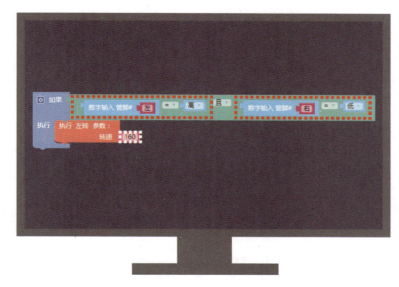

图13-34 设计"执行左转"积木

⑥复制"执行左转"积木,并修改数字输入管脚#左=低,管脚#右=高。

⑦删除"执行左转"积木,修改为"执行右转"积木,转速为160。

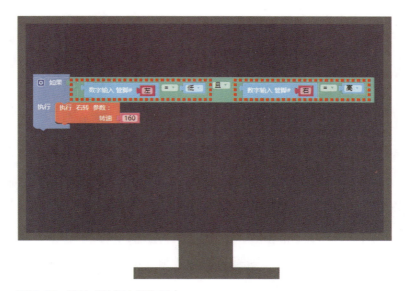

图13-35 设计"执行右转"积木

（6）根据寻线传感器检测，设计"执行停止"积木。

①复制两个"执行前进"积木，并依次拖曳至"执行右转"积木的最下方。

②修改第一个复制积木内的"数字输入"积木，管脚#中＝高、管脚#左＝高、管脚#右＝高。

③删除"执行前进"积木，修改为"执行停止"积木。

④修改第二个复制积木内的"数字输入"积木，管脚#中＝低、管脚#左＝低、管脚#右＝低。

⑤删除"执行前进"积木，修改为"执行停止"积木。

图13-36　设计"执行停止"积木

（7）单击编程吧导航栏中的"保存"按钮，并填写项目名称及介绍。

图13-37　项目保存

完整的程序如下。

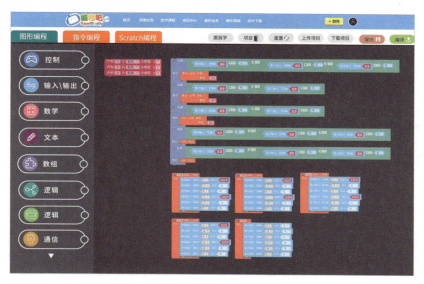

图13-38　ZinnoBot智能寻线机器人程序

实现现象

将下载好程序的ZinnoBot智能寻线机器人拿到场地中的赛道上，打开电源，可以看到ZinnoBot智能寻线机器人沿着黑线自由行走。

13.4　ZinnoBot自主避障机器人

图13-39　ZinnoBot自主避障机器人

实验目的

本实验将使用 ZinnoBot 自主避障机器人上面的超声波传感器来检测前方障碍物，从而实现机器人自主避障的功能。使用编程吧开发程序，程序启动后 ZinnoBot 自主避障机器人将在场地中直行，遇到障碍物时将自动避开。

实验原理

实验中 ZinnoBot 自主避障机器人会有四种状态变化：前进、左转、右转、停止。通过超声波传感器来判断 ZinnoBot 自主避障机器人该执行哪种状态。

当超声波传感器检测到前方有障碍物时，ZinnoBot 自主避障机器人执行停止指令，并由舵机带动超声波传感器检测左、右两侧的距离，然后对两侧距离进行判断，最终 ZinnoBot 自主避障机器人将转向距离较大的方向，从而实现 ZinnoBot 自主避障机器人自主避障的效果。

硬件连接

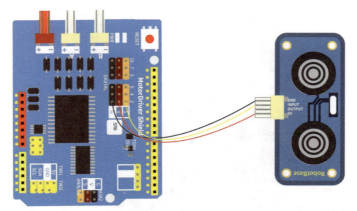

图13-40　硬件连接示意图

将超声波传感器的 INPUT 引脚连接到驱动板 D2 引脚上，将舵机连接到驱动板 D10 引脚上。

第 13 章 玩转 ZinnoBot 智能编程机器人

图形化编程实验

程序设计

（1）把前面寻线机器人实验中的程序复制到新项目中，删除实验中的主程序部分。

（2）建立测量距离函数，通过 Arduino 控制器 D2 引脚进行距离检测。

①单击"变量"按钮，选择"声明"积木，并修改为"距离"。

②选择"变量/声明"积木修改为"左侧距离"。

③选择"变量/声明"积木修改为"右侧距离"。

④选择"变量/声明"积木修改为"前方距离"。

图13-41　声明不同方向的距离变量

⑤单击"函数"按钮，选择"执行……返回"积木，并修改名称为"测量距离"。

⑥单击"输入/输出"按钮，选择"数字输出"积木，并将管脚 #2 设为低。

⑦单击"控制"按钮，选择"延时"积木，并修改为 2 毫秒。

⑧选择"输出/输出/数字输出"积木，并将管脚 #2 设为高。

⑨选择"控制/延时"积木，并修改为 10 毫秒。

⑩选择"输出/输出/数字输出"积木，并将管脚 #2 设为低。

⑪选择"变量/距离"赋值为积木。

⑫ 根据 S =v · t 计算检测距离（cm），并放置到"距离"赋值积木后面。

⑬ 选择"控制/延时"积木，并修改为 50 毫秒。

⑭ 选择"变量/距离"积木，并放置到最后。

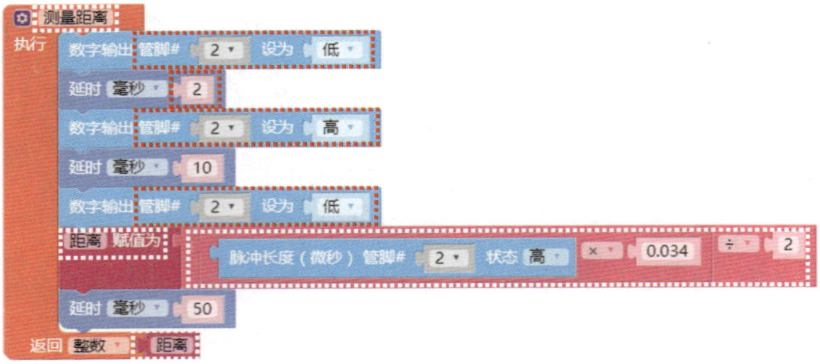

图13-42　建立测量距离函数

（3）设计主程序，实现 ZinnoBot 机器人自主避障功能。

① 单击电机模块，选择"舵机"积木，并修改为管脚 # 10、角度 90。

图13-43　添加"舵机"积木

② 单击"变量"按钮，选择前方距离赋值积木。

③ 选择"函数/执行测量距离"积木，测量小车距前方的距离。

图13-44　将测量距离赋值给前方距离

④ 选择"控制/如果……执行"积木，并修改为"如果……执行……否则"积木。

图13-45 添加"如果……执行"循环积木

⑤单击"逻辑"按钮,选择"判断"积木,并修改为前方距离 >20。

⑥选择"函数/执行前进"积木,并设置转速为180,如果前方距离 >20 则执行前进函数。

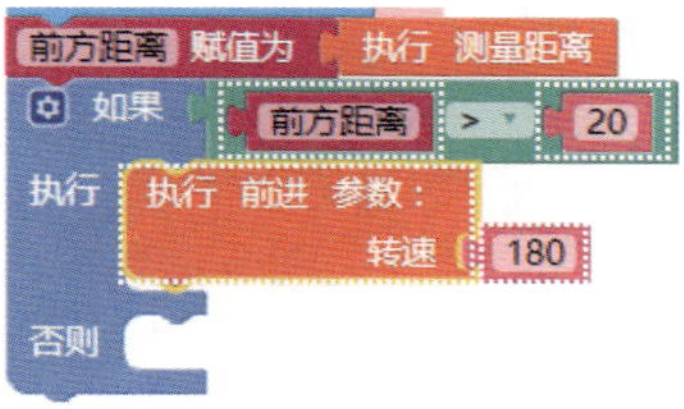

图13-46 通过距离判断执行前进积木

⑦单击"函数"按钮,选择"执行停止"积木,放置到"否则"积木内。

⑧单击电机模块,选择"舵机"积木,并修改为管脚#10、角度180、延时1000。

⑨选择"变量/左侧距离"赋值积木。

⑩选择"函数/执行测量距离"积木,测量小车距左侧的距离。

⑪单击电机模块,选择"舵机"积木,并修改为管脚#10、角度0、延时1000。

⑫选择"变量/右侧距离"赋值积木。

⑬选择"函数/执行测量距离"积木,测量小车距右侧的距离。

⑭单击电机模块,选择"舵机"积木,并修改为管脚#10、角度90、延时1000,让超声波传感器回到初始位置。

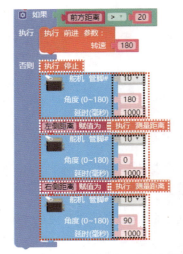

图13-47　添加测量左、右距离的积木

⑮ 选择"控制/如果……执行"积木，修改参数加入"否则"积木，并放置到"舵机"积木下方。

⑯ 选择"逻辑/判断"积木，并设置为左侧距离＞右侧距离，此时说明小车距右侧障碍物较近。

⑰ 选择"函数/执行左转"积木，并设置转速为160。

⑱ 选择"函数/执行右转"积木，并设置转速为160。

⑲ 选择"控制/延时"积木，并放置到"如果……执行"积木下方。

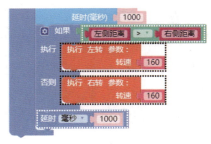

图13-48　完成左转或右转执行积木

（4）单击编程吧导航栏中的"保存"按钮，并填写项目名称及介绍。

第 13 章 玩转 ZinnoBot 智能编程机器人

图13-49 保存项目

完整的程序如下。

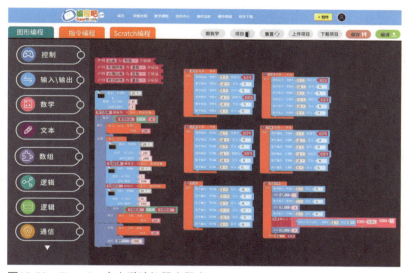

图13-50 ZinnoBot自主避障机器人程序

实现现象

我们将下载好程序的 ZinnoBot 机器人拿到场地中，并在场地内设置一些障碍物，打开电源，可以看到 ZinnoBot 机器人向前行走。当前方遇到障碍物时，它会通过舵机带动超声波传感器对左右两侧的障碍物进行判断，并做出正确的选择，成功躲避障碍物。

277

第四部分 笔记